文科化学实验

高明慧　编著

科学出版社
北京

内 容 简 介

本书是面向高校文科专业学生使用的化学实验教材，是在浙江大学出版社出版的《化学与人类文明实验指导书》基础上重新全面改版编著而成的。本书以绪论、化学与生活、化学与环境、化学与健康、化学与日用品、趣味化学等相关领域知识为主线，精选了 34 个实验，书后还附有 3 个附录。

本书适合经济与管理、人文与社会科学、外语和艺术等文科专业大学一、二年级学生使用，也可供相关老师及实验室人员参考。

图书在版编目(CIP) 数据

文科化学实验/高明慧编著 . —北京：科学出版社，2012
ISBN 978-7-03-034339-0

Ⅰ.①文… Ⅱ.①高… Ⅲ.①化学实验-高等学校-教材 Ⅳ.①O6-3

中国版本图书馆 CIP 数据核字（2012）第 096325 号

责任编辑：罗 吉 尚 雁 曹迎春 / 责任校对：宣 慧
责任印制：徐晓晨 / 封面设计：许 瑞

斜 学 虫 版 社 出版
北京东黄城根北街 16 号
邮政编码：100717
http://www.sciencep.com

北京京华虎彩印刷有限公司 印刷
科学出版社发行 各地新华书店经销
*
2012 年 6 月第 一 版 开本：787×1092 1/16
2018 年 1 月第五次印刷 印张：8 3/4
字数：210 000

定价：38.00 元
（如有印装质量问题，我社负责调换）

前　言

　　化学实验是化学理论教学的重要环节和保证。本书以文科化学理论课程的基本要求为依据，全书共分6章，34个实验和3个附录，实验内容的选择可根据各个学校具体课程情况进行安排，其中有些实验可供学生课余作为开放性和设计性实验选做，以丰富文科学生的化学知识，开拓思维，提高综合素质和动手能力。

　　正文按照绪论、化学与生活、化学与环境、化学与健康、化学与日用品、趣味化学的顺序编写。第一章系统介绍了文科化学实验目的、学习方法和要求，实验室安全和"三废"处理，实验室基本知识及操作，实验数据处理，其目的不仅让学生掌握一些实验技能，更重要的是让学生了解化学基础知识在社会生活各个方面的应用，学会运用所学过的化学原理来思考、分析和解决实际生活中出现的各种化学问题，掌握一些解决问题的思路和方法。第二章～第六章精心设计和安排了34个实验，实验内容都尽可能密切联系学生实际生活。学生通过观察实验现象、分析实验数据和总结实验结果，能够对已掌握的化学理论知识进一步理解和深化。附录一是元素的相对原子质量，附录二是市售常用酸碱试剂的浓度和含量，附录三是常用仪器设备的使用方法。

　　关注学生的发展是高校素质教育的灵魂、核心和目标，本教材编写的理念是"以生为本"，力求通过化学相关知识的介绍，让学生更为贴近地思考如何将基本理论与化学实践相结合。期望通过这本实验教材的学习，一方面培养文科学生的学习兴趣，让文科学生喜欢化学，提高教学质量。另一方面培养文科学生实事求是、严谨认真的科学态度，锻炼文科学生的探究精神和创新能力。

　　本书有以下三大特点：①引入的许多新实验都是学生感兴趣的实验，实验内容丰富、新颖、贴近日常生活，而且一般学校都具备这些实验条件，没有难买的药品。②紧紧围绕理论课程，从素质教育的高度精选和更新实验内容，将经典实验和现代前沿实验进行了巧妙的连接和结合。在实验中引入了化学在生活、环境、健康和日用品等各个领域的应用实例，目的是让文科学生对化学实验有初步的了解，更重要的是让文科学生明白化学对人类社会的作用和贡献。③精选的34个实验，作者从配试剂开始都进行了认认真真的试做，所以每个实验从原理、步骤、试剂用量到最后的注意事项都讲解得透彻、清楚，尤其是学生不清楚、易混淆和常犯的错误都做了交代，这样更有利于学生掌握实验的关键。

　　感谢南京航空航天大学文科化学课程组佟浩、谭淑娟、黄现礼、何娉婷、祁欣、李金焕等老师对本书提出的宝贵意见。

　　本书是南京航空航天大学"十二五"第一批规划教材建设项目。

　　由于作者学术水平有限和撰写时间仓促，不周及不当之处在所难免，恳请同行专家批评指正。

高明慧

2011年10月于南京航空航天大学

目　　录

第一章 绪 论

第一节 文科化学实验目的、学习方法和要求

一、文科化学实验目的

化学是一门实践性很强的学科。文科化学实验是文科化学理论教学不可缺少的重要组成部分。学生通过独立地实验操作、实验现象观察、实验数据记录与处理、实验报告撰写等各方面的训练而获得感性认识,可对所学到的基本概念与基本理论进行验证、巩固、深化和提高,以便正确地掌握化学实验的基本操作技能,正确地使用一些常用仪器测量实验数据,正确地处理所得数据和表达实验结果。掌握一些日常食品的质量鉴定、物质含量的测定、日用化学品的配制和趣味化学实验等。培养学生的创新能力和独立思考、分析问题、解决问题的能力,培养学生实事求是、严谨认真的科学态度。最终目的是通过实验培养文科学生的学习兴趣,提高教学质量和学生的动手能力。相信文科学生通过这些化学实验的训练,自然会喜欢化学。

二、文科化学实验学习方法

学生要独立完成实验任务,达到教学大纲的要求,实验效果与正确的学习态度和学习方法密切相关,应抓住以下三个环节。

(一) 预习

预习是实验前必须完成的准备工作,是做好实验的前提,但是,这个环节往往没有引起学生的足够重视,甚至不预习就进实验室,对实验目的、原理和内容不清楚,结果是浪费时间和药品。为了确保实验质量,实验前任课教师要检查每个学生的预习情况,对没有预习或预习不合格者,任课教师有权不让学生参加本次实验,学生应听从教师的安排。预习应达到下面六点要求:

1. 认真阅读实验教材和有关参考资料。
2. 明确实验目的、了解实验原理、熟悉实验内容和步骤。
3. 预习有关的基本实验操作、仪器使用和实验注意事项。
4. 估计实验中可能发生的现象和预期结果。
5. 掌握实验数据的处理方法和计算公式。
6. 写出预习报告。预习报告是进行实验的依据,因此预习报告应简明扼要,包括简要的原理、实验步骤(用框图或箭头表示)、需要记录的实验现象和测量数据的表格。

（二）实验

实验是培养学生独立工作和思维能力的重要环节，必须认真、独立完成。应做到以下三点要求：

1. 按照实验教材上规定的方法、步骤、试剂用量和加入顺序，认真操作，仔细观察实验现象，耐心等待，一丝不苟，如实而详细地将实验现象和数据记录在预习报告中，这是养成良好科学习惯的必需素质。

2. 在实验中如遇到实验现象与理论不相符合，力求自己解决。首先应认真分析操作过程，检查试剂是否加错、试剂浓度是否正确、是否严格按照书上的操作顺序。自己实在解决不了，为了正确说明问题，应在教师指导下重做或补充进行某些实验，养成自觉探究、解决问题的习惯。

3. 养成良好的科学习惯，遵守实验室工作规则。实验过程中应始终保持桌面布局合理、环境整齐和清洁。实验结束后，要清洗用过的玻璃仪器，摆放好试剂架上的试剂瓶和其他物品，整理并擦干净台面上仪器，最后清洁桌面、地面和水槽，经指导老师检查合格后再离开实验室。

（三）实验报告

实验报告是每次实验的记录、概括和总结，它反映了学生的学习态度、知识水平和实验操作能力，必须及时、独立和严肃认真地如实填写。合格的实验报告包括以下五部分内容：

1. 实验目的和简要的实验基本原理。

2. 实验内容或步骤要求简明扼要，采用表格、框图、符号等形式来清晰明确地表示，千万不能全盘抄书。

3. 实验现象和数据记录。实验现象要表达正确，数据记录要根据所用仪器的精密度，保留正确的有效数字。绝不允许主观臆造，抄袭别人的作业。

4. 给予简明解释、结论和数据处理。化学现象的解释最好写出主要反应方程式，另加文字简要叙述。结论要精练、完整和表达清晰。若数据处理使用图表，图表要规范合理、最后数据计算结果要准确。

5. 问题讨论。对实验中遇到的问题提出自己的看法，或分析产生误差的原因，或对实验方法、实验内容等提出意见。此项内容的评分作为实验附加分的依据。

三、文科化学实验要求

1. 实验前认真预习实验内容，弄清实验目的、原理、步骤、试剂药品性质、仪器使用方法和实验注意事项，并撰写预习报告。提前 10 分钟进实验室，在指定位置进行实验，离开实验室必须经实验老师允许。

2. 遵守实验室安全规则，接受老师指导。翔实而准确地记录实验现象和数据，实验过程中应始终保持实验室整洁和安静，做到有条不紊、节约药品、爱护仪器和注意安全。损坏仪器要按规定及时赔偿，不准在实验室内吃东西和喝水，实验过程中应防止腐蚀、有毒试剂溅到皮肤上，如出现意外应及时处理。

3. 实验结束后将自己记录的实验现象和数据交实验老师检验。打扫实验室卫生，将实验台、试剂瓶、试管架等打扫干净，实验老师检查合格后才能离开实验室。

4. 按时交实验报告，实验报告格式要规范或按实验老师的要求写，要求文字简明，结论明确，书写认真，最好能写出自己的独立见解作为实验报告的亮点。

第二节　实验室安全和"三废"处理

一、实验室安全

在化学实验中，常常会使用一些易燃、易爆、有腐蚀性和剧毒的化学药品以及时时都要接触水、火、电，所以实验安全非常重要，不能麻痹人意。实验前一定要预习，充分了解每次实验中所用到的化学药品的性能以及可能存在的各种各样的危险。实验过程中要集中精力，将安全放在首要位置，经常保持警惕，消灭各种不安全的因素和隐患，并及时妥善地处理所发生和发现的各种意外事故，把损失减到最小。请同学们严格遵守以下操作规程和安全守则：

1. 严禁在实验室内吸烟、饮食和打闹。

2. 水、电、气使用完毕立即关闭。实验室所有药品、仪器不得带出室外。

3. 洗液、浓酸、浓碱具有强腐蚀性，应避免溅落在皮肤、衣服和书本上，更应防止溅入眼睛里。

4. 能产生有刺激性或有毒气体（如 H_2S、Cl_2、SO_2 等）的实验应在通风橱内进行。有机溶剂（如苯、丙酮、乙醚等）易燃，使用时要远离火源，最好在通风橱内进行操作。

5. 加热、浓缩液体时要十分小心。加热试管时，不要将试管口对着自己或别人，也不要俯视正在加热的液体，以防液体溅出伤人。浓缩液体时，特别是有晶体出现之后，要不停地搅拌，不能离开。

6. 当需要借助于嗅觉判别气体时，决不能直接对着试剂瓶口或试管口嗅闻气体，应用手轻拂气体，把少量气体扇向自己再闻。不允许用手直接拿取固体药品。

7. 有毒试剂（如氰化钾、汞盐、铅盐、钡盐、重铬酸钾等）不得入口或接触伤口，也不能随便倒入下水道，应统一回收处理。在不了解化学药品性质时，禁止任意混合各种试剂药品，以免发生意外事故。

8. 实验完毕，应将实验室整理干净，检查水、电、气等是否关闭，洗净双手后才能离开实验室。

9. 灭火常识。物质燃烧需要空气和一定的温度，所以通过降温或者将燃烧的物质与空气隔绝，能达到灭火的目的。可采取：

（1）停止加热和切断电源，防止火势蔓延。

（2）用湿布、石棉布或沙子灭火。

（3）使用灭火器等措施灭火。

10. 实验室中一般伤害的简单救护有以下七种。

　　（1）割伤：首先挑出伤口异物，然后涂上红药水或紫药水，再用纱布包扎，必要时送医院诊治。

　　（2）烫伤：切忌用水冲洗，可在烫伤处涂抹烫伤药（如红花油），不要把烫的水泡挑破，严重者送医院治疗。

　　（3）酸伤：先用大量水冲洗，然后用饱和碳酸氢钠溶液或稀氨水冲洗，最后再用水冲洗。

　　（4）碱伤：先用大量水冲洗，再用3％～5％醋酸溶液或3％硼酸溶液冲洗，最后再用水冲洗。

　　（5）吸入溴蒸气、氯气、氯化氢、硫化氢、一氧化碳等有毒气体后，应立即离开实验室，转移到空气新鲜的地方。

　　（6）触电：迅速切断电源，如不能切断电源，要用木棍挑开电线或戴上绝缘橡皮手套，使触电者脱离电源，切不可用手去拉触电者。把触电者转移到空气新鲜的地方，解开衣服，使其全身舒展，必要时进行人工呼吸等急救措施。

　　（7）中毒：误吞毒物，最常用的急救方法是给中毒者先服催吐剂如肥皂水，或给予面粉和水、鸡蛋白、牛奶、食用油等缓和刺激，然后用手指伸入喉部以促使呕吐，立即送医院治疗。若有毒物质溅入眼睛或皮肤上，要用大量水冲洗。

二、实验室“三废”处理

　　实验室实际上是一个典型的小型污染源，尤其是城区和居民区附近的实验室对环境危害特别大。因为很多实验室的下水道与居民的下水道相通，实验中产生的污染物常有腐蚀性、剧毒性和致癌性物质的存在，这类污染物直接通过下水道排放会形成交叉污染，最后流入河中或者渗入地下，危害人体健康和安全，所以实验室的“三废”处理工作是实验室的重要组成部分。实验室的污染物种类复杂、品种多、毒害大，应根据具体情况，分别制订处理方案。污染物的一般处理原则是：分类收集、存放，分别集中处理。尽可能采用废物回收或固化、焚烧处理。在实际工作中选择合适的方法进行检测，尽可能减少废物量、减少污染。最终废弃物排放应符合国家有关环境排放标准。

（一）废气的处理

　　产生少量有毒气体的实验应在通风橱内进行，通过排风设备排到室外，避免污染室内空气。通风橱排气口应以保证对外排气不影响附近居民的身心健康为原则，排气口朝向应避开居民点并有一定的高度，使之易于扩散。产生毒气量大的实验必须备有吸收或处理装置，如二氧化碳、氧化氮、二氧化硫、氯气、硫化氢、氟化氢等可用导管通入碱液中，使其大部分被吸收后再排出，一氧化碳可点燃转成二氧化碳，可燃性有机废液可在燃烧炉中通入氧气使之完全燃烧。

（二）废液的处理

　　1. 低浓度含酚废液加次氯酸钠或漂白粉使酚氧化为二氧化碳和水。高浓度含酚废液用乙酸丁酯萃取，重新蒸馏回收酚。

2. 浓度较稀的氰化物废液，先用氢氧化钠溶液调节 pH 在 10 以上，再加入 3% 的高锰酸钾使氰化物氧化分解。氰化物含量高的废液用碱性氧化法处理，即 pH 在 10 以上再加入次氯酸钠使氰化物氧化分解。

3. 含汞盐的废液先调节 pH 在 8～10，加入过量硫化钠，使其生成硫化汞沉淀，再加入共沉淀剂硫酸亚铁，硫酸亚铁将水中的悬浮物硫化汞微粒吸附而共沉淀，排放清液，残渣再制成汞盐或深埋。需注意该操作一定要在通风橱内进行。

4. 铬酸洗液如失效变绿，可浓缩冷却后加入高锰酸钾粉末氧化，用砂芯漏斗滤去二氧化锰沉淀后即可重新使用。失效的废洗液用废铁屑还原残留的 Cr^{6+} 为 Cr^{3+}，再用废碱液中和成低毒的 $Cr(OH)_3$ 沉淀。

5. 含砷废液中加入氧化钙，调节 pH 为 8，生成砷酸钙和亚砷酸钙沉淀，或调节 pH 在 10 以上，加入硫化钠与砷反应，生成难溶、低毒的硫化物沉淀。

6. 含铅、镉的废液，用氢氧化钙（消石灰）将 pH 调至 8～10，使 Pb^{2+}、Cd^{2+} 生成 $Pb(OH)_2$ 和 $Cd(OH)_2$ 沉淀，再加入硫酸亚铁作为共沉淀剂，产生的残渣深埋于地下。

7. 综合废水处理。互不作用的废液混合后可用铁粉处理，调节 pH＝3～4，加入铁粉，搅拌 30 分钟，用碱调节 pH≈9，继续搅拌 10 分钟，加入高分子混凝剂进行沉淀。排放清液，沉淀物按废渣处理。

8. 有机溶剂的回收。实验用过的有机溶剂有些可以回收。回收有机溶剂通常先在分液漏斗中洗涤，将洗涤后的有机溶剂进行蒸馏或分馏处理加以精制、纯化。整个回收过程应在通风橱中进行。回收所得有机溶剂纯度较高，可供实验室重复使用。如乙醚：将乙醚废液置于分液漏斗中，先用水洗一次、中和后用 0.5% 高锰酸钾溶液洗至紫色不褪，再用水洗，接着用 0.5%～1% 硫酸亚铁溶液洗涤，以除去过氧化物。水洗后用氯化钙干燥、过滤、蒸馏，收集 33.5～34.5℃ 馏分使用。其他废液如氯仿、乙醇、四氯化碳等都可以通过水洗后再用试剂处理，最后通过蒸馏收集沸点附近的馏分，得到可再用的溶剂。

（三）固体废物的处理

实验中出现的固体废弃物不能随便乱扔，以防发生事故。能放出有毒气体或能自燃的危险废物不能丢进废品箱内或排入下水管道中。不溶于水的固体废弃物不能直接倒入垃圾桶，必须将其在适当的地方烧掉或用化学方法处理成无害物。碎玻璃和其他有棱角的锐利废料，不能丢进废纸篓内，应收集于特殊废品箱内处理。

（四）国外实验室污染治理的现状

在国外有专门的实验室废弃物处理站来集中收集处理，实验室废弃物集中处理站的管理严格、规范，安全环保意识极强。专门地点集中，专门房间、专门容器存放，专门人员管理，严格分区、分类，集中送特殊废品处理场处理。各种废弃物由各实验室分类上交后，处理站要对上交来的废弃物称重后将信息存入计算机，再分类放到规定地方。例如，报废放射源、废机油、废化学试剂、化学合成"三废物"、化学品废弃容器等都分类存放。废弃物集中处理站设施完备、先进，安全可靠。为防止集中后的地下渗漏二次污染，设计时将处理站地下全部用水泥整体浇注。危险化学品、放射源存放在专门房间，有安全监控、排风系统。废弃物集中处理站的费用由政府每年的经费预算中列支。可回收废品被收购后所得资金则用于废弃物集中处理站的进一步发展。

第三节　实验室基本知识及操作

一、实验室用水的质量要求

国家标准 GB6682—86《实验室用水规格》中明确了实验室用三个等级净化水的规格和相应的质量检验方法，应根据实验工作的不同要求选用不同等级的水。一级水用于制备标准水样或超痕量物质分析；二级水用于精确分析和研究工作；三级水用于一般实验工作，也就是通常所说的去离子水或蒸馏水。常用蒸馏法、电渗析法和离子交换法制备实验室用水。

实验室用水的质量检验项目主要有：pH、电导率、可氧化物、吸光度、硅酸盐、氯化物和金属离子。一般三级实验用水只测定去离子水或蒸馏水的 pH 和电导率。

由于空气中 CO_2 可溶于水，通常使去离子水或蒸馏水的 pH<7，规定 pH 在 6.5～7.5 都为合格。取两支试管各加入 10 mL 水，一支试管中滴加 0.2% 甲基红 2 滴（pH变色范围 4.2～6.2），不得显红色；在另一支试管中滴加 0.2% 溴百里酚蓝 2 滴（pH 变色范围 6.0～7.6），不得显蓝色。

水的电阻率越高，表示水中的杂质离子越少，水的纯度越高。25℃时，一般去离子水或蒸馏水的电阻率为 $1.0×10^6$～$10×10^6 \Omega·cm$ 之间都为合格。电阻率大于 $10×10^6 \Omega·cm$ 的水为高纯水，高纯水应保存在石英或塑料容器中。

二、化学试剂的规格

我国化学试剂属于国家标准的标有 GB 代号，属于原化工部标准的标有 HG 或 HGB（暂行）代号。应该对试剂规格有正确的认识。常见试剂的质量分为优级纯、分析纯、化学纯和生物试剂四种规格，详见表 1-1。

表 1-1　我国化学试剂的等级及标志

级别	一级品	二级品	三级品	
纯度分类	优级纯（保证试剂）	分析纯（分析试剂）	化学纯	生物试剂
标签颜色	绿色	红色	蓝色	咖啡色或玫红色
符号	GR	AR	CP	BR
应用范围	精确分析和研究工作	一般分析和科研	工业分析和实验教学	生化实验

此外还有一些特殊要求的试剂，如"高纯"试剂、"色谱纯"试剂、"光谱纯"试剂和"放射化学纯"试剂等，这些都在标签上注明。本着节约原则，应根据实验要求，选用不同规格的试剂，既不超规格引起浪费，又不随意降低规格影响分析结果的准确性。

在一般分析工作中，通常要求使用分析纯试剂。本书实验中使用的试剂一般均为分析纯试剂，不再另行说明。

三、玻璃仪器的洗涤

玻璃仪器清洁与否直接影响实验结果的准确性和精密性，因此，必须十分重视玻璃仪器的洗涤，洗涤方法概括起来有以下三种。

1. 用水刷洗：用于洗去水溶性物质，同时洗去附着在仪器上的灰尘等。

2. 用去污粉或合成洗涤剂刷洗：用于清洗形状简单，能用刷子直接刷洗的玻璃仪器，如烧杯、试剂瓶、锥形瓶等一般的玻璃仪器。去污粉由碳酸钠、白土和细沙等混合而成。将要洗涤的玻璃仪器先用少量水润湿，再用刷子蘸去污粉擦洗。利用碳酸钠的碱性除油污，白土的吸附作用和细沙的摩擦作用增强了对玻璃仪器的洗涤效果。玻璃仪器经擦洗后，用自来水冲掉去污粉颗粒，再用蒸馏水荡洗 3 遍，以除去自来水中带来的杂质离子。洗净的玻璃仪器倒置时应不留水珠和油花，否则需重新洗涤。洗净的玻璃仪器也不能用纸或抹布擦干，以免脏物或纤维留在器壁上而污染玻璃仪器。玻璃仪器应倒置在干净的仪器架上，切不能倒置在实验台上。

3. 用洗液洗涤：主要用于清洗不易或不应直接刷洗的玻璃仪器，如吸管、容量瓶等，也可用于长久不用的玻璃仪器或刷子刷不下的污垢等。先用洗液浸泡 15 min 左右，再用自来水冲净残留在器壁上的洗液，最后用蒸馏水润洗 3 遍。

洗液有强酸性氧化剂洗液（即传统常规铬酸洗液）、碱性高锰酸钾洗液、纯酸洗液、纯碱洗液、有机溶剂、RBS 洗液（北美地区化学实验室普遍使用，代替铬酸洗液）。

铬酸洗液的配制：称取 10 g 工业纯 $K_2Cr_2O_7$ 于 500 mL 烧杯中，用少许水溶解，在不断搅拌下慢慢地加入 200 mL 工业纯浓硫酸，待 $K_2Cr_2O_7$ 全部溶解并冷却后，将其储存在磨口细口试剂瓶中。

铬酸洗液为暗红色液体，若变为绿色说明已失效，应倒入废液桶中，绝不能倒入下水道，以免腐蚀金属管道。不要认为铬酸洗液是万能的，能洗去任何污垢，如被 MnO_2 污染的玻璃仪器用铬酸洗液是无效的，可用草酸、盐酸或酸性 Na_2SO_3 等还原剂来洗涤。

洗净的玻璃仪器器壁应能被水均匀润湿而无条纹，无水珠附着在上面。玻璃仪器经蒸馏水冲净后，残留水分用指示剂检查应为中性。洗净后的玻璃仪器应立即干燥，干燥方法有晾干、烘干、吹干和烤干，每次实验都应使用清洁干燥的玻璃仪器。

四、化学试剂的取用

(一) 固体试剂的取用

1. 一般都用药匙来取用固体试剂。药匙的两端有大小不同的两个匙，分别用于取大量固体和少量固体。注意药匙的清洁和干燥，以避免固体试剂被污染，最好专匙专用。用玻璃棒制作的小玻璃匙可长期存放于盛有固体试剂的小广口瓶中，无须每次洗涤。

2. 往试管中加入固体试剂时，也可将药品放在对折的纸片上，再伸进试管的 2/3 处。如固体颗粒较大，可放在干燥洁净的研钵中研碎。研钵中固体试剂的量不应超过研钵容量的 1/3。

3. 取固体试剂称量前，先看清标签，再打开瓶盖和瓶塞，将瓶塞反放在实验台上。然后用干燥洁净的药匙取固体试剂放在称量纸上称量，但对于具有腐蚀性、强氧化性和易潮解的固体试剂应放在玻璃容器内称量。根据称量精度的要求，可分别选择台秤或分析天平称量固体试剂，用称量瓶称量时，应用减量法操作。多取的固体试剂不能放回原试剂瓶，取完药品立即把瓶塞塞紧，绝不能将瓶塞张冠李戴。

(二) 液体试剂的取用

1. 从细口瓶中取用液体试剂通常用倾注法。先将瓶塞取下，然后反放在实验台上，手握瓶上贴标签的一侧倾注试剂，如图 1-1 所示，倾出所需量后，将瓶口在容器上靠一下，再逐渐竖起瓶子，以免留在瓶口的液滴流到瓶的外壁。如有试剂流到瓶外要及时擦净，绝不允许试剂沾染标签。

2. 从滴瓶中取用液体试剂。将液体试剂吸入滴管，滴入时滴管要垂直，这样滴入的体积才能准确。滴管口应离试管口 5 mm 左右，不得将滴管插入试管中，以防触及试管内壁而玷污滴瓶内药品，如图 1-2 所示。滴管只能专用，用后立刻放回原滴瓶。使用滴管的过程中，装有试剂的滴管，不得横放或滴管口向上倾斜，以防液体流入滴管的橡皮帽中。试管实验中，可用计算滴数的办法估计取用液体的量，一般滴管 16～20 滴液体约为 1 mL。

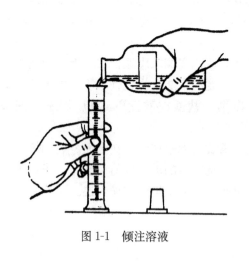

图 1-1　倾注溶液

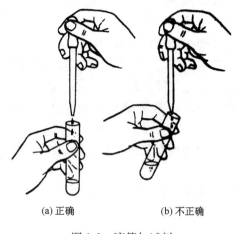

(a) 正确　　　　(b) 不正确

图 1-2　滴管加试剂

五、常见玻璃仪器的使用

(一) 量筒、量杯

量筒、量杯是实验室中常用的度量液体体积的容量仪器。读取容积时，注意使视线与仪器内液体的弯月面的最低处保持同一水平。弯月面最低点与刻度线水平相切的刻度为液体体积的读数，如图 1-3 所示。量筒或量杯不能用作精确测量，只能用来测量液体的大致体积。

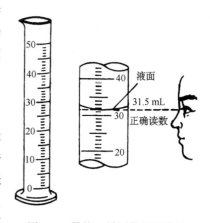

图 1-3　量筒、量杯及其读数法

（二）移液管和吸量管

移液管和吸量管用来准确地移取一定体积的溶液。常用的移液管中间有一膨胀部分的玻璃管，管颈上部刻有一圈标线。在一定温度下，管颈上端标线至下端出口间的容积是一定的，如 50、25、10、5 mL 等不同规格。移液管量取液体的体积是固定的，而吸量管有分刻度，可量取非整数体积的液体，注意吸量管取溶液的准确度不如移液管。

移液管和吸量管使用前，通常要先依次分别用铬酸洗液、自来水和去离子水洗净，并且用少量要移取的溶液润洗 2~3 次，以保证所移溶液的浓度不变。一般洗涤移液管或吸量管，用洗耳球使移液管或吸量管从盛放洗涤液的小烧杯中吸入少量洗涤液，用双手把移液管或吸量管端平，并水平转动移液管或吸量管，使洗涤液润洗管内壁，然后把洗过的洗涤液从管下端出口放出。

使用移液管移取溶液时，一般是用右手大拇指和中指拿住管颈上端，把下端管口插入装有要移取的溶液中，左手拿洗耳球，先把洗耳球内空气挤出，然后把洗耳球的出口尖端紧压在移液管上端管口上，慢慢松开紧握洗耳球的左手，使移取的溶液吸入移液管内，见图 1-4（a）。当移液管内溶液液面升高到移液管上端管颈刻度标线以上时，立即拿开洗耳球，并马上用右手食指按住移液管上端管口，然后稍微放松食指，同时用大拇指和中指转动移液管，使移液管内液面慢慢下降，直至管内溶液的弯月面与管颈上端刻度标线相切，见图 1-4（b），立即用食指按紧移液管上端管口，从小烧杯中取出移液管。把装满溶液的移液管垂直放入已洗净的锥形瓶中，使移液管下端出口紧靠在锥形瓶内壁上，锥形瓶略倾斜，松开食指，让移液管内溶液自然流入锥形瓶中，见图 1-4（c）。当移

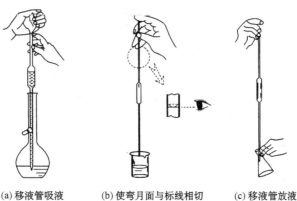

(a) 移液管吸液　　　(b) 使弯月面与标线相切　　　(c) 移液管放液

图 1-4　移液管的使用方法

液管内溶液流完后，还需停留约 15s，然后将移液管从锥形瓶中拿开。此时移液管下端出口处还会剩余少量溶液，不可用洗耳球将它吹入锥形瓶中，因为在校正它的容积刻度时，已除去了剩余少量溶液的体积。当使用标有"吹"字的移液管时，则必须把管内的残液吹入锥形瓶中。吸量管的使用方法同移液管。

（三）容量瓶

容量瓶主要用来把精确称量的物质准确地配制成一定体积的溶液，或将浓溶液准确地稀释成一定体积的稀溶液。瓶颈上刻有环形标线，瓶上标有容积和标定时的温度，通常有 50、100、250、500 和 1000 mL 等规格，形状如图 1-5(a) 所示。

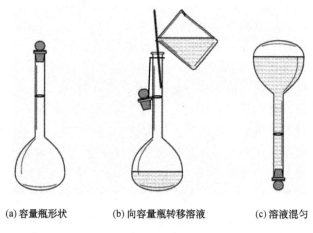

(a) 容量瓶形状　　　　(b) 向容量瓶转移溶液　　　　(c) 溶液混匀

图 1-5　容量瓶的使用方法

容量瓶使用前同样应洗到不挂水珠。容量瓶与瓶塞应配套使用，一般用细玻璃绳将瓶塞系在瓶颈上，以防瓶塞与瓶口弄错引起漏液。

当用固体配制一定体积的准确浓度的溶液时，通常将准确称量的固体放在小烧杯中，先用少量蒸馏水溶解后，再转移到容量瓶内。转移时烧杯嘴紧靠玻璃棒，玻璃棒下端紧靠瓶颈内壁，慢慢倾斜烧杯，使溶液沿玻璃棒顺瓶壁流下，如图 1-5(b) 所示。溶液流完后，将烧杯沿玻璃棒轻轻上提，同时将烧杯直立，使附在玻璃棒与烧杯嘴之间的溶液流回到烧杯中。再用蒸馏水洗涤烧杯内壁几次，洗涤液同样转入容量瓶内。然后用蒸馏水洗下瓶颈上附着的溶液，当加水至容积一半时，摇荡容量瓶使溶液混合均匀，应注意不要让溶液接触瓶塞及瓶颈磨口部分，继续加水至弯月面下沿与环形标线相切。用一只手的食指压住瓶塞，另一只手的大、中、食三个指头顶住瓶底边缘，如图 1-5(c) 所示，倒转容量瓶，使瓶内气泡上升到顶部，剧烈振摇数秒，再倒转过来，如此反复数次，使溶液充分混匀。

当用浓溶液配制稀溶液时，先用移液管或吸量管吸取准确体积的浓溶液放入容量瓶中，再按上述方法稀释至标线，上下混匀。

容量瓶不能放在烘箱中烘烤，也不能用任何加热的方法来加速容量瓶中药品的溶解。长期不用的溶液不要放置在容量瓶中，应将其转移至洁净干燥或经该溶液润洗过的试剂瓶中保存。

(四）锥形瓶

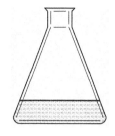

锥形瓶是圆锥形的平底玻璃瓶，见图1-6，有 25、50、250 mL 等规格。滴定分析中通常用锥形瓶盛放被滴定的溶液，同时锥形瓶便于滴定操作中做圆周转动，使从滴定管中滴入的溶液与被滴定溶液均匀混合，充分反应，而不使溶液溅出瓶外。滴定分析时，对锥形瓶的洗涤要求与滴定管、移液管不完全相同，洗涤锥形瓶只需依次用去污粉（或洗涤液）、自来水、去离子水洗净即可，不需用所装溶液润洗。

图1-6 锥形瓶

(五）滴定管

滴定管是滴定分析中用来准确测量管内流出液体体积的一种量具。通常，它能准确测量到 0.01 mL。常用滴定管的体积一般为 50 mL 和 25 mL，滴定管上的刻度每一大格为 1 mL，每一小格为 0.1 mL，两刻度线之间可以估读出 0.01 mL。滴定管刻度值与常用的量筒不同，滴定管从上到下刻度值增加。

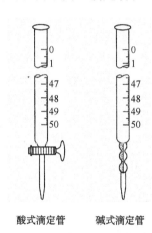

酸式滴定管　碱式滴定管

图1-7 滴定管

一般滴定管分为酸式滴定管和碱式滴定管，它们的差别在于管的下端，见图1-7。酸式滴定管下端连接玻璃旋塞，可以控制管内溶液逐滴流出。酸式滴定管用来测量酸性溶液或氧化性溶液，不能用于碱性溶液，因为碱性溶液会腐蚀磨口的玻璃旋塞，时间长了就会使旋塞粘住。碱性溶液应使用碱式滴定管，碱式滴定管的下端由橡皮管连接玻璃管嘴，橡皮管内装有一个玻璃圆球代替旋塞。用大拇指和食指轻轻往一边挤压玻璃圆球旁边的橡皮管，使管内形成一条窄缝，溶液即从玻璃管嘴中滴出。碱式滴定管不能用来测量氧化性溶液（如 $KMnO_4$、I_2 溶液），否则橡皮管会与这些溶液反应而粘住。

在使用酸式滴定管前，通常先检查其玻璃旋塞是否漏水。如果发现漏水或者旋转不灵活，应把玻璃旋塞取下，洗净后用滤纸片把水吸干再涂凡士林，方法为：①凡士林涂的位置，若是套，小涂大不涂；若是塞，大涂小不涂。这样可以避开中间小孔。②涂上很薄一层凡士林，再把玻璃旋塞插入栓管中。③向同一方向旋转几周，使凡士林均匀涂布，再用橡皮圈套在玻璃旋塞末端凹槽内，以防旋塞脱落，最后再检查装好的旋塞是否漏水，如图1-8所示。如碱式滴定管漏水，应更换橡皮管或玻璃珠。

洗净的滴定管内壁应完全被水润湿而不挂水珠，所以在滴定开始前，对于酸式滴定管应首先用少量铬酸洗液（如 50 mL 滴定管，用 10~15 mL）加入滴定管中洗涤（思考：为什么碱式滴定管不能用铬酸洗液？），用双手端平滴定管使管内溶液全部浸润滴定管内壁，再让溶液通过活塞下面部分管嘴内壁，然后把洗液全部放出，依次分别用自来水、去离子水洗净，再用少量标准溶液（滴定管体积的 1/4~1/3）润洗 2~3 次，以保

旋塞涂油　　　　　　旋塞安装　　　　　　转动旋塞

图 1-8　旋塞涂凡士林、安装和转动的方法

证装入滴定管内的标准溶液的浓度不会改变。把标准溶液装入滴定管到上端刻度 0.00 以上，注意若滴定管下段存在气泡，气泡在滴定过程中会引起较大误差，必须把滴定管下端的气泡赶出。如是酸式滴定管可用手迅速反复多次地打开旋塞，使溶液冲出带走气泡。如是碱式滴定管可用两指挤压稍高于玻璃珠所在处，使溶液从管口喷出，气泡亦随之而排出。

　　用装好标准溶液的滴定管进行滴定分析时，对于酸式滴定管一般用左手大拇指、食指和中指捏住旋塞把手，手心空握（图 1-9），转动旋塞时应注意不要让手掌顶出旋塞而造成漏液。右手握住锥形瓶颈并使滴定管管尖伸入瓶内，一边滴入溶液，一边向同一方向（顺时针）旋转摇动锥形瓶做圆周运动，如图 1-10 所示，使瓶内溶液充分混合，发生反应。不可前后振荡，以免溅出溶液，引起误差。滴定过程中左手不能离开旋塞而让溶液自流。对于碱式滴定管一般是左手拇指在前，食指在后，捏挤玻璃珠外面的橡皮管，溶液便可流出。注意不能捏挤玻璃珠下面的橡皮管，否则会在管嘴出现气泡。滴定速度不可过快，要使溶液逐滴流出而不连成线，滴定速度一般为 10 mL/min 即 3～4 滴/s。

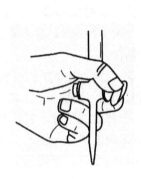

图 1-9　酸式滴定管操作方法

图 1-10　滴定操作方法

　　滴定过程中，要注意观察标准溶液的滴落点。开始滴定时，离终点很远，滴入标准溶液时一般不会引起可见的变化，但滴到后来，滴落点周围会出现暂时性的颜色变化而当即消失，随着离终点愈来愈近，颜色消失渐慢，在接近终点时，新出现的颜色暂时地扩散到较大范围，但转动锥形瓶 1～2 圈后仍完全消失。此时应不再边滴边摇，而应滴一滴摇几下。通常最后滴入半滴，溶液颜色突然变化而半分钟内不褪，则表示终点已达

到。滴加半滴溶液时，可慢慢控制旋塞，使液滴悬挂管尖而不滴落，用锥形瓶内壁将液滴擦下，再用洗瓶以少量蒸馏水将之冲入锥形瓶中。

滴定过程中，尤其临近终点时，应用洗瓶将溅在瓶壁上的溶液洗下去，以免引起误差。

读取从滴定管中放出溶液的体积。对于无色或浅色溶液，视线应与管内溶液弯月面最低点保持水平，读出相应的刻度值。对于深色溶液（如 $KMnO_4$），则应观察溶液液面最上缘，读数必须准确到 $0.01\ mL$。为了减少测量误差，每次滴定应从 0.00 开始或从接近零刻度的任一刻度开始，即每次都用滴定管的同一段体积。

(六) 烧杯中液体的加热

所盛液体的体积应不超过烧杯容积的 $1/3$。加热前，要先将烧杯外壁上的水擦干，再放在石棉网上加热。

(七) 试管中液体的加热

所盛液体的量不应超过试管高度的 $1/3$。加热时用试管夹夹住试管的中上部，如图 1-11 所示。试管口不能对着自己或别人，以防加热时迸溅，造成烫伤。加热时应使液体受热均匀，

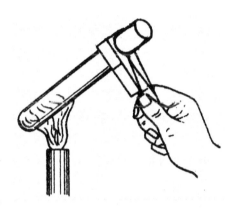

图 1-11 加热试管内的液体

先加热液体的中上部，再慢慢移动试管，热及下部，然后不时振荡试管，使液体各部分均匀受热，以防试管内部液体因局部沸腾而迸溅，造成烫伤。

第四节 实验数据处理

一、误差

(一) 真值

在某一时刻、某一位置或状态下，某量的效应体现出的客观值或实际值称为真值。真值包括理论真值、约定真值和相对真值。

1. 理论真值：如三角形内角之和等于 $180°$。
2. 约定真值：由国际计量大会定义的单位值。
3. 相对真值：标准器（包括标准物质）给出的数值。

(二) 误差

由于被测量的数值形式通常不能以有限位数表示，又由于认识能力的不足和科学水平的限制，测量值及其真值并不完全一致，表现在数值上的这种差异即为误差。误差按其产生的原因和性质分为系统误差、随机误差和过失误差。

1. 系统误差

系统误差又称为恒定误差、可测误差或偏倚。指在多次测量同一量时，其测量值与真实值之间误差的绝对值和符号保持恒定，或在改变测量条件时，测量值常表现出按某一确定规律变化的误差。

实验或测量条件一经确定，系统误差就获得一个客观上的恒定值，多次测量的平均值也不能减弱它的影响。

产生的原因：方法误差、仪器误差、试剂误差、操作误差和环境误差。

消减的方法：仪器校准、空白实验、标准物质对比分析和回收率实验。

2. 随机误差

随机误差又称为偶然误差或不可测误差，是由测量过程中各种随机因素的共同作用造成的。在实际测量条件下，多次测量同一量时，误差的绝对值和符号的变化，时大时小，时正时负，以不可测定的方式变化。

随机误差遵从正态分布，特点为：有界性、单峰性、对称性和抵偿性。

产生的原因：由能够影响测量结果的许多不可控制或未加控制的因素的微小波动引起的。它可视为大量随机因素导致的误差的叠加。

减小的方法：严格控制实验条件，正确地执行操作规程和增加测量次数。

3. 过失误差

过失误差也叫粗差，它是分析者在测量过程中发生的不应有的错误而造成的。它无一定的规律可循。

含有过失误差的测量数据，经常表现为离群数据，可按照离群数据的统计检验方法将其剔除。

过失误差一经发现必须及时纠正。消除过失误差的关键是提高分析人员的业务素质和工作责任感，不断提高其理论和技术水平。

（三）误差的表示方法

1. 绝对误差

为测量值（单一测量值或多次测量值的均值）与真值之差。测量结果大于真值时，误差为正，反之为负。

$$绝对误差 = 测量值 - 真值$$

2. 相对误差

为绝对误差与真值的比值，常以百分数表示。

$$相对误差 = 绝对误差 \div 真值$$

3. 绝对偏差

为某一测量值（x_i）与多次测量值的均值（$\bar{x}$）之差，以 d_i 表示。

$$d_i = x_i - \bar{x}$$

4. 相对偏差

为绝对偏差与均值的比值，常以百分数表示。

$$相对偏差 = d_i \div \overline{x}$$

5. 平均偏差

为绝对偏差的绝对值之和的平均值，以 $\overline{d}$ 表示。

$$\overline{d} = \frac{1}{n} \sum_{i=1}^{n} |d_i| = \frac{1}{n} (|d_1| + |d_2| + \cdots + |d_n|)$$

6. 相对平均偏差

为平均偏差与测量均值的比值，常以百分数表示。

$$相对平均偏差 = \overline{d} \div \overline{x}$$

7. 极差

为一组测量值内的最大值与最小值之差，又称为范围误差或全距，以 R 表示。

$$R = x_{max} - x_{min}$$

8. 差方和

又称为离均差平方和或平方和，指绝对偏差的平方之和，以 S 表示。

$$S = \sum_{i=1}^{n} (x_i - \overline{x})^2 = \sum_{i=1}^{n} d_i^2$$

9. 方差

以 s^2 或 V 表示。

$$s^2 = \frac{1}{n-1} \sum_{i=1}^{n} (x_i - \overline{x})^2 = \frac{1}{n-1} S$$

10. 标准偏差

也称为标准差，以 s 或 SD 表示。

$$s = \sqrt{\frac{1}{n-1} \sum_{i=1}^{n} (x_i - \overline{x})^2} = \sqrt{s^2} = \sqrt{\frac{1}{n-1} S}$$

11. 相对标准偏差

又称为变异系数，是标准偏差与其均值的比值，常用百分数表示，前者记为 RSD，后者记为 CV。

$$RSD(CV) = \frac{s}{\overline{x}} \times 100\%$$

二、名词解释

(一) 准确度

准确度常用以度量一个特定分析程序所获得的分析结果（单次测定值或重复测定值的均值）与假定的或公认的真值之间的符合程度。一个分析方法或分析系统的准确度是反映该方法或该测量系统存在的系统误差和随机误差的综合指标，它决定着这个分析结果的可靠性。

准确度用绝对误差或相对误差表示。

准确度的评价方法：标准物质分析、回收率测定和不同方法的比较。

（二）精密度

精密度是使用特定的分析程序在受控条件下重复分析均一样品所得测定值之间的一致程度。它反映了分析方法或测量系统存在的随机误差的大小。测量结果的随机误差越小，测量的精密度越高。

精密度常用极差、平均偏差和相对平均偏差、标准偏差和相对标准偏差表示。标准偏差在数理统计中属于无偏估计量而常被采用。

为满足某些特殊需要，常用平行性、重复性和再现性作为精密度的专用术语。

（三）灵敏度

灵敏度指某方法对单位浓度或单位量待测物质变化所致的响应量的变化程度。它可以用仪器的响应量或其他指示量与对应的待测物质的浓度或量之比来描述。如分光光度法常以标准曲线的斜率来度量灵敏度。一个分析方法的灵敏度可因实验条件的变化而改变，在一定的实验条件下，灵敏度具有相对的稳定性。

分光光度法中常用的摩尔吸光系数 ε，是指当测量光程为 1 cm，待测物质浓度为 1 mol/L 时，相应于待测物质的吸光系数。ε 越大，方法的灵敏度越高。

（四）空白实验

空白实验指除用水代替样品外，其他所加试剂和操作步骤均与样品测定完全相同的操作过程。空白实验应与样品测定同时进行。

样品分析的响应值如吸光度和峰高等，通常不仅是样品中待测物质的响应值，还包括其他所有因素，如试剂中的杂质、器皿、环境以及操作过程中污染等的响应值。由于影响空白值的各种因素大小经常变化，为了解这些因素的综合影响，在分析样品的同时，每次均应做空白实验。空白实验所得的结果称为空白实验值。

实验用水应符合要求，其中待测物质的浓度应低于所用方法的检出限。否则将增大空白实验值及其标准偏差而影响实验结果的精密度和准确度。

（五）标准曲线

标准曲线是描述待测物质浓度或量与相应的测量仪器响应量或其他指示量之间的定量关系的曲线。标准曲线包括"工作曲线"（标准溶液的分析步骤与样品分析步骤完全相同）和"标准曲线"（标准溶液的分析步骤与样品分析步骤相比有所省略，如省略样品的前处理）。

某方法标准曲线的直线部分所对应的待测物质浓度或量的变化范围，称为该方法的线性范围。

标准曲线的绘制如下：

1. 配制在测量范围内的一系列已知浓度的标准溶液。
2. 按照与样品测定完全相同的分析步骤测定各浓度标准溶液的响应值。

3. 选择适当的坐标纸，以响应值为纵坐标，浓度或量为横坐标，将测量数据标在坐标纸上植点。

4. 通过各点绘制一条合理的曲线。在样品分析中，通常选用它的直线部分。

5. 标准曲线的点阵符合要求时，亦可用最小二乘法的原理计算回归方程。

（六）检出限

检出限为某特定分析方法在给定的置信度内可从样品中检出待测物质的最小浓度或最小量。所谓"检出"是指定性检出，即判定样品中存有浓度高于空白的待测物质。

（七）方法的适用范围

方法的适用范围为某特定方法具有可获得响应的浓度范围。在此范围内可用于定性或定量的目的。

（八）测定限

测定限为定量范围的两端，分别为测定上限和测定下限。

测定上限指在限定误差能满足预定要求的前提下，用特定方法能够准确地定量测定待测物质的最大浓度或量。对没有或消除了系统误差的特定分析方法的精密度要求不同，测定上限也有所不同。

测定下限指在测定误差能满足预定要求的前提下，用特定方法能够准确地定量测定待测物质的最小浓度或量。在没有或消除了系统误差的前提下，它受精密度要求的限制。通常分析方法的精密度要求越高，测定下限高于检出限越多。常以 3.3 倍检出限浓度作为测定卜限。

（九）最佳测定范围

最佳测定范围亦称为有效测定范围，指在限定误差能够满足预定要求的前提下，特定方法的测定下限至测定上限之间的浓度范围。在此范围内能够准确地定量地测定待测物质的浓度或量。最佳测定范围应小于方法的适用范围。测量结果的精密度越高，相应的最佳测定范围就越小。

三、有效数字和数值计算

（一）有效数字

有效数字由全部确定数字和一位不确定数字构成。

有效数字构成的数值如测定值与通常数学上的数值在概念上是不同的，如 21.5、21.50 和 21.500 在数学上都视为同一数值，但如用于表示测定值，它所反映的测定结果的准确程度是不相同的。

有效数字用于表示测量结果，指测量中实际能测得的数字，即表示数字的有效意义。一个由有效数字构成的数值，其倒数第二位以上的数字应该是可靠的或确定的，只有末位数字是可疑的或不确定的。

有效数字构成的测定值必然是近似值，所以测定值的运算应按照近似计算规则进行。

数字"0"，当它用于表示小数点的位置，而与测定的准确程度无关时，不是有效数字；当它用于表示与测定的准确程度有关的数值大小时，就是有效数字。这与"0"在数值中的位置有关。

1. 第一个非零数字前的"0"不是有效数字，如：

0.0489	三位有效数字
0.0009	一位有效数字

2. 非零数字中的"0"是有效数字，如：

2.0076	五位有效数字
4202	四位有效数字

3. 小数中最后一个非零数字后的"0"是有效数字，如：

2.3200	五位有效数字
0.870%	三位有效数字

4. 以"0"结尾的整数，有效数字的位数难以判断，如：48900 可能是三位、四位或五位有效数字。在此情况下，应根据测定值的准确程度改写成指数形式，如：

4.89×10^4	三位有效数字
4.890×10^4	四位有效数字
4.8900×10^4	五位有效数字

（二）数值的进舍修约规则

1. 拟舍弃数字的最左一位数字小于 5 时，则舍去，即保留的各位数字不变，如：

将 12.3289 修约到一位小数，得 12.3

将 12.3289 修约成两位有效数字，得 12

2. 拟舍弃数字的最左一位数字大于 5 或虽等于 5 而其后并非全部为 0 的数字时，则进 1，即保留的末位数字加 1，如：

将 1268 修约到"百"位数，得 13×10^2

将 1268 修约成三位有效数字，得 127×10

将 20.504 修约到"个"位数，得 21

3. 拟舍弃数字的最左一位数字是 5，右边无数字或皆为 0 时，若所保留的末位数字为奇数则进 1，为偶数则舍弃，如：

将 0.075 修约成一位有效数字，得 0.08

将 2.050 修约成两位有效数字，得 2.0

4. 负数修约时，先将它的绝对值按上述规则进行修约，然后在修约值前面加上负号，如：

将 -485 修约成两位有效数字，得 -48×10

5. 拟修约数字应在确定修约位数后一次修约获得结果，而不应多次按上述规则连续修约，如：

　　　　将 25.4546 修约成两位有效数字，得 25

　　　　不应将 25.4546→25.455→25.46→25.5→26，得 26

（三）记数规则

　　1. 记录测量数据时，只保留一位可疑，即不确定的数字。

　　2. 表示精密度通常只取一位有效数字。测定次数很多时，方可取两位有效数字，而且最多只取两位有效数字。

　　3. 在数值计算中，当有效数字位数确定后，其余数字一律按修约规则舍去。

　　4. 在数值计算中，某些倍数、分数、不连续物理量的数目，以及不经测量而完全根据理论计算或定义得到的数值，其有效数字的位数可视为无限。这类数值在计算中需要几位就写几位有效数字。

　　5. 测量结果的有效数字所能达到的位数不能低于方法检出限的有效数字所能达到的位数。

（四）近似计算规则

　　1. 加法和减法：进行加法和减法运算时，其和或差的有效数字取决于绝对误差最大的数值，即最后结果的有效数字与各个加、减数中的小数点后位数最少者相同，如：

$$508.4 - 438.63 + 13.046 - 6.0548 = 76.7$$

　　2. 乘法和除法：进行乘法和除法运算时，其积或商的有效数字取决于相对误差最大的数值，即最后结果的有效数字与各数中有效数字位数最少的数相同，而与小数点后的位数无关，如：

$$2.35 \times 3.642 \times 3.3576 = 28.7$$

　　3. 乘方和开方：进行乘方和开方运算时，最后结果的有效数字与原数相同，即原数有几位有效数字，计算结果就可以保留几位有效数字，如：

$$6.54^2 = 42.8$$

$$\sqrt{7.39} = 2.72$$

　　4. 对数和反对数：进行对数运算时，所取对数的尾数应与真数有效数字位数相同。反之，尾数有几位，真数就取几位，如：

$$pH = 4.74,则 c(H^+) = 1.8 \times 10^{-5} mol/L$$

　　5. 平均值：求四个或四个以上准确度接近的近似值的平均值时，其有效数字可增加一位，如：

$$\frac{3.77 + 3.70 + 3.79 + 3.80 + 3.72}{5} = 3.756$$

第二章 化学与生活

实验一 掺假牛奶的快速鉴别

牛奶营养丰富、老少皆宜，是人们日常生活中喜爱的食品之一。每年 6 月 1 日是"世界牛奶日"。喝牛奶的好处如今已越来越被大众所认识，牛奶中含有丰盛的钙、维生素 D 和人体生长发育所需的全部氨基酸，消化吸收率高达 98%，是其他食物无法相比的。

正常牛奶为乳白色或稍带微黄色，具有新鲜牛乳固有的香味，微带甜味，无饲料味、酸味、苦味、金属味及其他异味。呈均匀胶状液体，具有适当黏度、无凝块、无沉淀及不含其他杂质。

河北三鹿奶粉事件让无数消费者大为震惊。现在偶有不法商贩在新鲜牛奶中掺杂使假，为防止消费者上当受骗，有必要学会一些快速有效地鉴别掺假牛奶的简单方法。

一、实验目的

1. 初步了解化学与生活的关系。
2. 掌握 7 种方法快速鉴别掺假牛奶。

二、实验原理

1. 掺水牛奶的鉴别。鲜奶掺水之后比重降低，掺入蔗糖可以提高牛奶的比重，从而隐蔽掺水情况。检查蔗糖可用钼酸铵，蔗糖遇到钼酸铵生成一种蓝色物质。

2. 掺豆浆牛奶的鉴别。掺豆浆的牛奶含有碳水化合物，而这种碳水化合物遇碘后呈乌（灰）绿色，由反应产生的颜色可确定鲜奶中是否掺豆浆。

3. 掺淀粉牛奶的鉴别。糊化后的淀粉具有遇碘变蓝紫色的特性。

4. 掺碱牛奶的鉴别。牛奶在微生物作用下，很容易发生酸败，为了掩盖酸败现象，有些不法经营者会在牛奶中加入一定量的食用碱。

5. 掺食盐牛奶的鉴别。为了防止牛奶变质，一些牛奶生产企业常会在牛奶中掺加一定量的食盐。标准牛奶在硝酸银与重铬酸钾溶液中会呈现红色反应，而当牛奶中掺加了食盐，由于氯离子超标，会生成氯化银沉淀，从而呈现黄色。

6. 掺明胶牛奶的鉴别。有些牛奶造假企业为了改变掺水牛奶过稀的性状，常会在牛奶中再掺加一定量的明胶进行弥补。

7. 牛奶新鲜度的鉴别。牛奶中的细菌繁殖很快，容易产酸，可根据牛奶中蛋白质在酸性条件下遇到酒精凝固的特点来判断其新鲜度。

三、仪器、药品及材料

仪器：恒温水浴、试管、试管架、试管夹、洗瓶、漏斗。

药品：钼酸铵（固体）、2 mol/L HCl 溶液、碘液、0.05％的玫瑰红酸乙醇溶液、0.1 mol/L $AgNO_3$ 溶液、0.1 mol/L $K_2Cr_2O_7$ 溶液、0.1 mol/L $Hg(NO_3)_2$ 溶液、饱和苦味酸溶液、95％乙醇。

材料：牛奶、药匙或对折的纸片、滤纸。

四、实验步骤

1. 在试管中加入 1 mL 牛奶，再加入黄豆粒大小的固体钼酸铵和 1 mL 2 mol/L HCl 溶液，置于 80～85℃水浴中加热 5 min，观察现象。

2. 取 1 mL 牛奶于试管中，加入 1～2 滴碘液，摇匀后观察现象。若牛奶呈橙黄色，则牛奶为正常牛奶。若牛奶呈乌（灰）绿色则可判定牛奶中掺加了豆浆。

3. 取 1 mL 牛奶于试管中，加热煮沸，冷却后滴入 4 滴碘液摇匀。若牛奶呈蓝紫色，说明牛奶中掺入了淀粉。

4. 取 1 mL 牛奶于试管中，加入 0.5 mL 0.05％的玫瑰红酸乙醇溶液，摇匀后观察颜色。若出现玫瑰红色则说明牛奶中加入了食用碱，而且颜色越深表明碱度越大。若是正常牛奶，颜色应为橙黄色。

5. 于试管中滴入 10 滴 0.1 mol/L $AgNO_3$ 溶液和 5 滴 0.1 mol/L $K_2Cr_2O_7$ 溶液，混匀后再加入 1 mL 牛奶，摇匀后观察其颜色。若溶液红色消失，变为黄色，则说明牛奶中掺加了一定量的食盐。

6. 取 1 mL 牛奶于试管中，加入 1 mL 0.1 mol/L $Hg(NO_3)_2$ 溶液，充分摇匀后静置 2 分钟过滤。在滤液中再加入等体积的饱和苦味酸溶液，如有黄色沉淀生成则说明牛奶中掺有明胶，否则为正常牛奶。

7. 取 1 mL 95％乙醇与 1 mL 牛奶等体积混合，如不出现絮片状，即为新鲜牛奶。如出现絮片状则表示酸度高，不新鲜。

以上鉴别结果均填入表 2-1 中。

五、思考题

1. 请说说正常牛奶的性状。为什么人们都喜爱喝牛奶？

2. 根据你自己的鉴别结果，本批次牛奶有没有掺杂造假，如有请一一说明。

六、注意事项

1. 20℃时正常牛奶的比重为 1.028～1.033 g/mL，当加入水时，牛奶的比重就会降低。实验证明，牛奶中每加入 10％水时，比重就会降低 0.0029 g/mL。也可把比重计放入牛奶中静置 2 分钟后读取数值，若数值低于 1.028 g/mL 时，则可断定牛奶为掺水牛奶。

2. 固体试剂、液体试剂如何取用见第一章第三节（四、化学试剂的取用）。

3. 实验前一定要将试管刷干净，否则现象不明显，实验后也必须将试管刷干净才能离开实验室。

七、结果记录

表 2-1　牛奶是否掺假的鉴别结果

实验内容	现象	结论和解释
掺水鉴别		
掺豆浆鉴别		
掺淀粉鉴别		
掺碱鉴别		
掺食盐鉴别		
掺明胶鉴别		
新鲜度鉴别		

实验二　真假蜂蜜的鉴定

蜂蜜是人们喜爱的天然营养保健食品，正常蜂蜜的比重为 1.401~1.433 g/mL，主要成分中葡萄糖和果糖 65%~81%，蔗糖约 8%，水 16%~25%，蛋白质、氨基酸、矿物质和有机酸等约 5%，此外还含有少量酵素、芳香物质、多种维生素及花粉粒等，因所采花粉不同，其成分也有一定差异。由于蜂蜜是一种极好的食品和医疗保健品，蜂蜜越来越受到大众消费的青睐，不法分子在蜂蜜中掺假或造假，牟取不义之财，坑害了消费者的利益也损害了消费者的健康。目前市场上蜂蜜品种繁多，面对质量良莠不齐的蜂蜜，对于消费者而言，没有一定的专业知识，很难辨别蜂蜜的真伪、优劣。该实验介绍一些鉴别蜂蜜品质的小常识。

一、实验目的

1. 掌握真蜂蜜的一些性质并学会辨别假蜂蜜。
2. 掌握鉴别假蜂蜜的 8 种方法。

二、实验原理

简单辨别假蜂蜜的方法主要有：①假蜂蜜由于是用白糖熬成的或用糖浆冒充的，所以看起来非常清澈透亮，而真蜂蜜中的成分很复杂，含有蛋白质、生物酶、矿物质、维生素和蜜源植物花粉等成分，所以不是很清亮。②假蜂蜜有隐隐的化学品气味，闻起来感觉刺鼻或有水果糖味，而真蜂蜜的气味纯正自然，蜜味浓郁，有淡淡的花香。③假蜂蜜口感甜味单一，有的仔细品味还有化学品的怪味，而真蜂蜜口味醇厚、回味绵长。④从结晶判断，真蜂蜜结晶较为松软，呈松花状或大油状，用筷子能很容易插入，放在手指上能很容易捻化。而假蜂蜜析出的白糖沉淀较为致密，用筷子不容易插下去，放在手指上捻时，有沙粒感。⑤假蜂蜜的成本比真蜂蜜要低得多，且假蜂蜜在销售策略上也抓住了消费者图便宜的心理，所以假蜂蜜的价格一般很低廉。⑥仔细查看产品标签，有的"蜂蜜"产品的配料表中写着蔗糖、白糖、果葡糖浆或高果糖浆等，而真蜂蜜产品是不允许的。

三、仪器、药品及材料

仪器：恒温水浴（或电炉）、台秤、试管、试管架、试管夹、洗瓶、玻璃棒、50 mL烧杯、酒精灯。

药品：95％乙醇、0.1 mol/L $AgNO_3$ 溶液、碘酒、6 mol/L HCl溶液、0.1 mol/L $CuSO_4$ 溶液、1 mol/L $BaCl_2$ 溶液、2 mol/L NaOH溶液。

材料：蜂蜜、滤纸、载玻片、电吹风、茶水、pH试纸、铁丝。

四、实验步骤

1. 掺水蜂蜜的鉴别

纯正蜂蜜滴在滤纸上不易渗出，而掺水蜂蜜则会逐渐渗开。纯正蜂蜜浓度高，流动慢。取1滴蜂蜜放在滤纸上，优质蜂蜜成珠形，不易散开。劣质蜂蜜不成珠形，容易散开。

2. 掺糖蜂蜜的鉴别

（1）掺糖浆的检验：取2滴蜂蜜于玻璃板上，用强日光晒或电吹风吹，掺糖浆蜂蜜便结成硬的结晶块，而纯正蜂蜜仍呈黏稠状。

（2）掺饴糖的检验：取1 mL蜂蜜于试管中，加5 mL蒸馏水混匀，然后缓缓滴入95％乙醇数滴，如出现白色絮状物，说明有饴糖掺入；若呈混浊状态则说明正常。

（3）掺蔗糖的检验：在试管中加入1 mL蜂蜜和5 mL蒸馏水混匀，如出现混浊或沉淀，再加数滴0.1 mol/L $AgNO_3$ 溶液，若产生絮状物，则说明蜜蜂中掺入了蔗糖。

3. 蜂蜜中掺米汤、糊精及其他淀粉类物质的鉴别

（1）物理检验：掺有米汤、糊精及淀粉类物质的蜂蜜，外观混浊不透明，蜜味淡薄，极易生霉发酵，闻之酸臭、味馊，加水稀释后溶液混浊不清。

（2）化学检验：取1 mL蜂蜜于试管中，加5 mL蒸馏水稀释，煮沸后冷却，加2滴碘酒，如有蓝色、蓝紫色或红色出现，说明掺有米汤、糊精及淀粉类物质。

4. 蜂蜜中掺入增稠剂——羧甲基纤维素钠的鉴别

（1）物理检验：掺有羧甲基纤维素钠（CMC-Na）的蜂蜜，颜色深黄，黏稠度大，近似饱和胶状溶液，有块状脆性物悬浮且底部有白色胶状小粒。

（2）化学检验：在 2 mL 蜂蜜中加 95％乙醇 7 mL，充分搅拌均匀，即有白色絮状物析出，取白色絮状物 1 g 于 50 mL 温热蒸馏水中，搅拌均匀，冷却备检。

取上述备检液 10 mL，加入 1 mL 6 mol/L HCl 溶液，产生白色沉淀。

取上述备检液 10 mL，加入 8 mL 0.1 mol/L CuSO$_4$ 溶液，产生绒毛状浅蓝色沉淀。

若上述两项检验皆出现阳性，说明蜂蜜中掺有羧甲基纤维素钠。

5. 掺杂质蜂蜜的鉴别

取 1 mL 蜂蜜于试管中，用蒸馏水稀释溶解，静置后观察，若产生沉淀，则说明混有杂质。或用烧红的铁丝插入蜂蜜中，如铁丝上附有黏物，说明掺有杂质。如铁丝上仍很光滑，说明没有杂质。

6. 掺明矾蜂蜜的鉴别

取 1 mL 蜂蜜于试管中，用等量蒸馏水稀释摇匀，再滴入 1 mol/L BaCl$_2$ 溶液数滴，如有白色沉淀产生，则说明有明矾掺入。

7. 检验蜂蜜是否被重金属污染

取半杯茶水，加入 2～3 mL 蜂蜜，用玻璃棒搅匀，如茶水保持原色不变，证明蜂蜜没有被重金属污染；如果茶水变成灰色，证明蜂蜜被重金属污染，而且颜色越深，污染越重。

8. 掺铵盐蜂蜜的鉴别

取 1 mL 蜂蜜于试管中，用等量蒸馏水稀释，再加入 2 mol/L NaOH 溶液 2 mL，摇匀，立即将一片湿润的 pH 试纸放在试管中，如果试纸变蓝，表明掺有铵盐。

以上鉴别结果均填入表 2-2 中。

五、思考题

1. 通过实验你能说说真蜂蜜与假蜂蜜的区别吗？
2. 根据你自己的鉴别结果，本批次蜂蜜有没有掺杂造假，如有请一一说明。

六、注意事项

1. 鉴别的项目较多，千万不能搞错，最好每做完一项鉴别，及时将现象填入下面表格中。
2. 正确取用试剂药品，不能污染试剂药品，否则现象不明显。
3. 用过的滤纸和 pH 试纸放在垃圾桶里，千万不能扔在水池里。
4. 试管必须刷干净，否则现象不明显。

七、结果记录

表 2-2 真假蜂蜜的鉴别结果

实验内容		现象	结论和解释
掺水鉴别			
掺糖鉴别	掺糖浆检验		
	掺饴糖检验		
	掺蔗糖检验		
掺米汤、糊精、淀粉鉴别	物理检验		
	化学检验		
掺羧甲基纤维素钠鉴别	物理检验		
	化学检验		
掺杂质鉴别			
掺明矾鉴别			
是否被重金属污染			
掺铵盐鉴别			

【知识拓展】

1）蜂蜜造假的方法主要有：①用白糖加水和硫酸进行熬制，利用酸解的作用将白糖的双糖分子分解成单糖来假冒蜂蜜。②用饴糖、糖浆等来冒充蜂蜜。③用粮食作物加工成的糖浆（也叫果葡糖浆）充当蜂蜜。造假分子还在假蜂蜜中加入了增稠剂、甜味剂、防腐剂、香精和色素等化学物质，不仅损害消费者的经济利益，也损害了消费者的身体健康。

2）有些消费者看到蜂蜜中有白色的结晶，就认为这是掺假的蜂蜜，其实这是一种误解。结晶也是某些蜂蜜产品的特性，这是蜂蜜中所含的葡萄糖在一定温度下结成的晶体，是正常的物理现象，蜂蜜本身没有变质，不影响食用。蜂蜜的品种不同，结晶的多少、快慢程度也有所不同。假蜂蜜是不结晶的，但有的假蜂蜜中加入的白糖在一定的条件下也会析出，在瓶底形成沉淀。真蜂蜜的结晶和假蜂蜜的沉淀很容易区分，真蜂蜜结晶较为松软，放在手指上能很容易捻化。而假蜂蜜析出的白糖沉淀较为致密，放在手指上捻时，有沙粒感。

3）掺入增稠剂——羧甲基纤维素钠的蜂蜜黏度大，2%的溶液即相当于外观浓度的蜂蜜，掺入用量较小，且透明度好，直观难以鉴别。需物理检验和化学检验同时进行鉴别。

实验三　日常食品中微量有害元素的鉴定

油条（油饼）是人们经常食用的大众化食品。为了使油条松脆可口，揉制油条面团时，每 500 g 面粉约需加入 10 g 明矾 $[KAl(SO_4)_2 \cdot 12H_2O]$ 和若干苏打（Na_2CO_3），在高温油炸过程中，明矾和苏打发生以下反应：

$$Al^{3+} + 3H_2O \longrightarrow Al(OH)_3 + 3H^+$$

$$2H^+ + CO_3^{2-} \longrightarrow H_2O + CO_2 \uparrow$$

CO_2 大量产生使油条体积迅速膨胀，并在表面形成一层松脆的皮膜，非常好吃。但是，人体摄入过量的铝对健康危害很大，能引起痴呆、骨痛、贫血、甲状腺功能降低、胃液分泌减少等多种疾病，还会影响人体对磷的吸收和能量代谢，降低生物酶的活性。因此，要防止从油条（油饼）中摄入过量的铝。

松花蛋（皮蛋）是一种具有特殊风味的食品，符合国家标准的松花蛋可放心食用。然而松花蛋中含有极微量的铅，而铅及其化合物具有较大毒性，所以仍不能忽视重金属铅对人体，尤其是对儿童的危害。研究表明，儿童肠道的敏感程度比成人高 50%，更易吸收铅等重金属，而且铅是一种累积性毒素，排出体外的速度很慢，容易形成慢性中毒，破坏血液，使红细胞分解，也可沉积在内脏和骨髓中。铅中毒会引起呕吐、腹泻、神经麻痹、手指震颤等症状。儿童对于铅更加敏感，摄入过量的铅会导致神经系统的危害和智商下降，所以建议儿童少吃爆米花、松花蛋等食品。

一、实验目的

1. 掌握油条中微量铝的鉴定。
2. 掌握松花蛋中微量铅的鉴定。

二、实验原理

取小块油条切碎后经灼烧成灰，用 6 mol/L HNO_3 浸取，浸取液加巯基乙酸溶液，混匀后加铝试剂缓冲液，加热后如观察到有特征的红色溶液生成，即样品中含有铝。

在一定条件下，Pb^{2+}能与二硫腙形成红色配合物。由于二硫腙是一种广泛配位剂，用它测定Pb^{2+}时，必须考虑其他金属离子的干扰作用，通过控制溶液的酸度和加入掩蔽剂可加以消除。用氨水调节溶液 pH 到 9 左右，此时Pb^{2+}与二硫腙形成红色配合物，加盐酸羟胺还原Fe^{3+}，并用柠檬酸铵掩蔽Fe^{2+}、Sn^{2+}、Cd^{2+}和Cu^{2+}等，再用氯仿萃取，铅的二硫腙红色配合物萃取到氯仿层中，干扰离子则留在水溶液中。

三、仪器、药品及材料

仪器：恒温水浴、试管、试管架、试管夹、洗瓶、坩埚、电炉、马弗炉、切碎机、蒸发皿。

药品：6 mol/L HNO_3 溶液、0.8％巯基乙酸溶液、(1+1)$NH_3 \cdot H_2O$ 溶液、铝试剂、(1+1)HNO_3 溶液、1％HNO_3 溶液、20％柠檬酸铵溶液、20％盐酸羟胺溶液、二硫腙溶液、氯仿。

材料：油条（油饼）、小刀、松花蛋。

四、实验步骤

1. 取小块油条（油饼）切碎放入坩埚内，在电炉上低温炭化，待浓烟散尽，放入马弗炉（炉温约500℃）中灰化，待坩埚内物质呈白色灰状时，停止加热。冷却后加入 2 mL 6 mol/L HNO_3 溶液，在水浴上加热蒸发至干，把所得产物加水溶解。用一支试管取约 1 mL 所得溶液，加 5 滴 0.8％巯基乙酸溶液，摇匀后，加 5 滴 (1+1)$NH_3 \cdot H_2O$ 溶液，再加 10 滴铝试剂缓冲溶液，再摇匀，并放入热水浴中加热。如观察到生成红色溶液，即证明油条（油饼）中含有铝。

2. 取一个松花蛋剥去蛋壳后，放入高速切碎机中，按 2：1 的蛋水比加水，捣成匀浆，将所得的匀浆倒入蒸发皿中，先在水浴上蒸发近干，然后放在电炉上小心炭化至无烟后，移入马弗炉（炉温约550℃）内灰化至白色灰烬，取出冷却后，加(1+1)HNO_3 溶液溶解灰分。取所得样品溶液 1 mL，加入 1 mL 1％HNO_3 溶液、1 mL 20％柠檬酸铵溶液和 1 mL 20％盐酸羟胺溶液，用(1+1)$NH_3 \cdot H_2O$ 调节溶液 pH≈9，再加入 2 mL 二硫腙溶液和 1 mL 氯仿，剧烈摇动 1 min，静置分层后，如有机溶剂氯仿层中生成红色配合物，即证明松花蛋中存在铅。

以上鉴定结果填入表 2-3 中。

五、思考题

1. 传统油条为什么存在"铝害"？能否通过减少明矾的用量来控制铝的残留量？怎样消除油条的"铝害"？

2. 什么是健康油条？什么是无铝油条膨松剂？

3. 市场上卖的松花蛋大都贴着"无铅"标签，无铅松花蛋铅含量为零吗？

4. 优质松花蛋和劣质松花蛋怎样区别？

六、注意事项

1. 瓷坩埚或蒸发皿放入马弗炉前，应用滤纸吸去其底部和周围的水，以免瓷坩埚或蒸发皿因骤热而炸裂。

2. 注意把坩埚、蒸发皿放入马弗炉或从马弗炉取出坩埚、蒸发皿，一定要用坩埚钳，否则会被烫伤。

七、结果记录

表 2-3　日常食品中微量有害元素的鉴定结果

实验内容	油条中微量铝的鉴定	松花蛋中微量铅的鉴定
现象	加铝试剂加热后溶液呈＿＿＿＿。	加二硫腙摇动后氯仿层呈＿＿＿＿。
结论和解释		

【知识拓展】

1）铝不是人体的必需元素，过量摄入对人体有害。1989 年世界卫生组织正式将铝确定为食品污染物而加以控制，规定铝的每日允许摄入量为 1 mg/kg（如以成年人体重 60 kg 计算，则最高允许摄入量为 60 mg/d）。

2）松花蛋是用碱性物质浸制而成的，蛋内饱含水分，若放在冰箱内储存，水分就会逐渐结冰，从而改变松花蛋原有的风味。低温还会影响松花蛋的色泽，容易使松花蛋变成黄色，所以松花蛋不宜存放在冰箱内。如果家中有吃不完或需要保存一段时间的松花蛋，可放在塑料袋内密封保存，一般可保存 3 个月左右而风味不变。

实验四　日常食品中微量营养元素的鉴定

碘是人类健康必需的微量元素，它在人体中仅有 20～50 mg，能促进人体的生长发育，特别对大脑和神经系统起着非常重要的作用，因而被称之为"智慧元素"。由于人类生存的自然环境缺碘，当人体摄入量不足就会造成一系列危害。碘缺乏危害主要包括地方性甲状腺肿（俗称大脖子病）、克汀病等，病人表现为呆傻、矮小、聋哑、瘫痪，呈特殊丑陋面容和智商低下。儿童、青少年时期缺碘可造成智力低下、生长发育迟缓，学习成绩下降等。防治碘缺乏病的唯一有效办法就是适时适量补碘，其中食用碘盐是防治碘缺乏病最经济、最简便且行之有效的方法。生活中食用海带也可以起到补碘的作用。

锌为人体必需微量元素，它在人体所有组织和器官中广泛分布，成人体内锌含量为 $2.0 \sim 2.5\,g$，以肝、肾、肌肉、视网膜、前列腺为高。血液中 $75\% \sim 85\%$ 的锌分布在红细胞，$3\% \sim 5\%$ 分布于白细胞，其余在血浆中。锌对生长发育、免疫功能、物质代谢和生殖功能等均有重要作用。小麦中的锌主要存在于胚芽和麸皮中。

一、实验目的

1. 通过实验证明海带中存在碘元素，并掌握海带中碘离子鉴定。
2. 掌握面粉中微量锌元素的鉴定。

二、实验原理

海带在碱性条件下灰化，其中的碘被有机物还原为 I^-，在酸性条件下 I^- 与氧化剂亚硝酸钠反应析出单质碘：$2NO_2^- + 2I^- + 4H^+ \longrightarrow 2NO\uparrow + I_2 + 2H_2O$，单质 I_2 遇淀粉溶液变蓝。

微量锌用二硫腙法鉴定。在溶液 $pH = 4.5 \sim 5.0$ 时，锌与二硫腙反应生成紫红色配合物，该配合物能溶于 CCl_4。用 $Na_2S_2O_3$ 和盐酸羟胺掩蔽 Fe^{3+}、Pb^{2+} 和 Cu^{2+} 等干扰离子。

三、仪器、药品及材料

仪器：台秤、坩埚、烘箱、电炉、马弗炉、恒温水浴、漏斗、试管、试管架、试管夹、洗瓶、蒸发皿。

药品：50% KOH 溶液、$2\,mol/L\ H_2SO_4$ 溶液、$NaNO_2$（固体）、0.2% 淀粉溶液、$2\,mol/L\ HCl$ 溶液、$6\,mol/L\ HNO_3$ 溶液、HAc-NaAc 缓冲溶液、$1\,mol/L\ Na_2S_2O_3$ 溶液、20% 盐酸羟胺溶液、0.002% 二硫腙 CCl_4 溶液。

材料：海带、小刀、滤纸、面粉、精密 pH 试纸。

四、实验步骤

1. 将除去泥沙后的海带切细，混匀，称取约 $2\,g$ 均匀样品于坩埚中，加入 $5\,mL$ 50% KOH 溶液。先在烘箱中烘干，然后放在电炉上低温炭化，再移入马弗炉内（炉温 $600℃$）灼烧 $40\,min$，灰化至白色灰烬，取出冷却后，加 $10\,mL$ 水加热溶解灰分并过滤，再用 $30\,mL$ 热水分几次洗涤坩埚和滤纸。取 $1\,mL$ 滤液于试管中，加 2 滴 $2\,mol/L$ H_2SO_4 和黄豆粒大小的固体亚硝酸钠，充分摇匀，观察现象。最后再加 2 滴 0.2% 淀粉溶液，以判断有无碘存在。

2. 称取 $5\,g$ 标准面粉于蒸发皿中，先在电炉上低温炭化，待浓烟散尽后，再移入马弗炉内（炉温 $500℃$）灰化，当蒸发皿内灰分呈白色残渣时，停止加热，取出冷却后，加 $2\,mol/L\ HCl$ 溶液或 $6\,mol/L\ HNO_3$ 溶液 $2\,mL$，放在水浴上加热蒸发至干，冷却后加水溶解，即得样品溶液。取 $1\,mL$ 样品溶液于试管中，用 $pH = 4.74$ 的 HAc-NaAc 缓冲溶液调节溶液的 $pH = 4.5 \sim 5.0$，加 $0.5\,mL$ $1\,mol/L\ Na_2S_2O_3$ 溶液和 $0.5\,mL$

20%盐酸羟胺溶液，混合均匀后，再加 1 mL 0.002% 二硫腙 CCl$_4$ 溶液，经剧烈摇动后，静置分层。若 CCl$_4$ 层呈紫红色，即说明面粉中含锌。

以上鉴定结果填入表 2-4 中。

五、思考题

1. 滤液中加入何种氧化剂效果最好，是否越强的氧化剂越好？如果氧化剂过强是否会把碘离子进一步氧化为碘酸根、亚碘酸根或次碘酸根？滤液中阳离子的鉴定是否可以用焰色反应？

2. 人食用海带后，碘离子是否会被氧化为单质碘对人体有害？做菜时是否会有大量的碘损失？

3. 实验前为什么要用刷子而不能用水洗食用干海带？

4. 哪些食物富含锌？哪些食物锌含量较低？

六、注意事项

1. 干海带表面附着物不要用水洗，目的是：①防止海带中的碘化物溶于水而造成损失。②碘离子在溶液中极易被空气中的氧气氧化为碘单质，在加热海带时易升华而会失去碘单质，造成碘离子难以鉴定。

2. 用坩埚加热要充分、均匀，目的是防止海带中的有机物残留造成海带灰的滤液不是无色而是浅褐色，不易鉴定，所以应灼烧完全。

3. 往滤液里加 2 mol/L H$_2$SO$_4$ 溶液酸化至 pH 显中性或弱酸性。因海带灰里含有碳酸钾，酸化使其呈中性或弱酸性对下一步氧化析出碘有利。如硫酸加多则易使碘化氢氧化出碘而损失。

4. 实验表明海带中存在的碘元素主要形式为碘离子，不是碘酸根离子，更不是碘单质。碘单质在自然界里没有游离态形式存在，海带中碘主要以 NaI 形式存在。

5. 马弗炉内灼烧时间要严格控制，灼烧时间过长，可能会使碘损失，造成结果偏低。

七、结果记录

表 2-4　日常食品中微量营养元素的鉴定结果

实验内容	海带中微量碘的鉴定	面粉中微量锌的鉴定
现象	最后加 2 滴淀粉溶液，溶液呈_____。	加二硫腙 CCl$_4$ 摇动后 CCl$_4$ 层呈_____。
结论和解释		

【知识拓展】

1）不论动物性还是植物性食物都含有锌，但食物中锌的含量差别很大，吸收利用率也不相同。一般来说，贝壳类海产品、红色肉类、动物内脏等都是锌的极好来源。干果类、谷类胚芽和麦麸也富含锌。干酪、虾、燕麦、花生酱、花生和玉米等为锌的良好来源。一般植物性食物含锌较低，含量较少者包括动物脂肪、植物油、水果、蔬菜、奶糖、白面包和普通饮料等。精细的粮食加工过程会导致大量锌丢失，如小麦加工成精面粉大约80％锌被去掉，豆类制成罐头比新鲜大豆损失60％左右的锌。

2）植物性食物中含有的植酸、鞣酸和纤维素等均不利于锌的吸收，而动物性食物中锌的生物利用率较高，维生素D可促进锌的吸收。我国居民的膳食以植物性食物为主，含植酸和纤维素较多，锌的生物利用率一般为15％～20％。

实验五　天然维生素与维生素片剂中
维生素C含量的比较和测定

维生素C是人体重要的维生素之一，它影响胶原蛋白的形成，参与人体多种氧化-还原反应，并且有解毒作用，缺乏会患坏血病。人体自身不能合成维生素C，所以必须不断地从食物中摄入，通常还需储存能维持一个月左右的维生素C。维生素C对人体健康的重要作用有：加速术后伤口愈合、增加免疫力、防感冒及病毒和细菌的感染、预防癌症、抗过敏、促进钙和铁的吸收、降低有害的胆固醇、预防动脉硬化、减少静脉中血栓的形成、天然的抗氧化剂和退烧剂。

众所周知，蔬菜，特别是有色蔬菜含有丰富的维生素，是人体所需维生素的主要来源之一，多吃蔬菜和水果被认为是一种健康的生活方式。随着时代的发展，现在市场上出现了很多维生素制剂，大家最熟悉的可能要数维生素C含片了。本实验用新鲜的蔬菜水果（青菜、西红柿、橘子）、市售果汁（味全每日、农夫果园）、维生素C含片（艾兰德Vc含片）等，先半定量地比较天然维生素与维生素片剂中的维生素C含量，然后再准确地测定其含量。

一、实验目的

1. 半定量地比较天然维生素与维生素片剂中的维生素C含量。
2. 掌握直接碘量法测定维生素C含量的原理、方法和操作。

二、实验原理

维生素C具有很强的还原性，能将碘还原成碘离子，而碘能使淀粉变蓝，碘离子却不能使淀粉变蓝，因此利用检验试剂颜色的变化就可先半定量地确定是否有维生素C存在。

维生素C属水溶性维生素，分子式$C_6H_8O_6$，分子中的烯二醇基具有还原性，能被I_2定量地氧化成二酮基，因而可用淀粉为指示剂，I_2标准溶液直接测定维生素C含片、饮料、蔬菜和水果中的维生素 C 含量。其反应式为：

简写为：$C_6H_8O_6 + I_2 \stackrel{}{=\!=\!=} C_6H_6O_6 + 2HI$

三、仪器、药品及材料

仪器：试管、试管架、滴管、分析天平、50 mL 酸式滴定管、滴定台、250 mL 锥形瓶、洗瓶、100 mL 量筒、10.00 mL 吸量管、5.00 mL 吸量管、25 mL 移液管、玻璃棒、电炉、榨汁机、研钵。

药品：0.02 mol/L I_2 溶液、0.0500 mol/L I_2 标准溶液、0.5％淀粉溶液、2 mol/L HAc 溶液。

材料：新鲜的蔬菜水果、市售果汁、维生素 C 含片的水溶液、维生素 C 含片、称量纸。

四、实验步骤

1. 天然维生素与维生素片剂中维生素 C 含量的比较

取几支试管，加入 1 mL 0.5％淀粉溶液，再滴入 0.02 mol/L I_2 溶液，使之完全变成深蓝色溶液为止。然后用滴管分别滴加各种新鲜的蔬菜水果汁、市售的果汁和维生素 C 含片的水溶液，直至溶液的深蓝色刚好褪去，根据滴加量的多少可以判断其中维生素 C 含量的多少。实验结果记录在表 2-5 中。

2. 维生素 C 含片中维生素 C 含量的测定

准确地称取研成粉末的维生素 C 含片 0.2000 g，置于 250 mL 锥形瓶中，加入 100 mL 新煮沸并已冷却的蒸馏水，再加入 10 mL 2 mol/L HAc 溶液和 5 mL 0.5％淀粉溶液，立即以 0.0500 mol/L I_2 标准溶液滴定至溶液呈稳定的浅蓝色 30 秒不褪色即为终点。计算维生素 C 含片的百分含量，平行测定 3 次，数据记录在表 2-5 中。

$$w(\%) = \frac{c_{I_2} \times V_{I_2} \times 176.13}{m \times 1000} \times 100\%$$

式中，c_{I_2}——I_2 标准溶液的浓度，mol/L；

V_{I_2}——滴定时所消耗的 I_2 标准溶液的体积，mL；

m——精称维生素 C 含片粉末的质量，g。

3. 各种新鲜蔬菜水果汁和市售果汁维生素 C 含量的测定

用 25 mL 移液管分别准确地吸取各种新鲜的蔬菜水果汁和市售果汁，分别置于 250 mL 锥形瓶中，加入 0.5% 淀粉溶液 5 mL，立即以 0.0500 mol/L I_2 标准溶液滴定至溶液呈稳定的浅蓝色 30 秒不褪色即为终点。计算维生素 C 的含量，平行测定 3 次，数据记录在表 2-5 中。

$$维生素 C 含量(g/L) = \frac{c_{I_2} \times V_{I_2} \times 176.13}{V}$$

式中，V——取各种新鲜蔬菜水果汁或市售果汁的体积，mL。

五、思考题

1. 为什么维生素 C 含量可以用直接碘量法测定？（维生素 C 的标准电极电位为 0.18V）

2. 测定维生素 C 样品含量时，为何要加入酸溶液？

3. 溶解维生素 C 样品时，为什么要用新煮沸并已冷却的蒸馏水？

4. 什么是天然维生素，什么是人工合成的维生素即维生素片剂，两者有何不同，哪种含量高，为什么人们更偏爱天然维生素？

六、注意事项

1. 试样溶解后应立即进行滴定，以防止维生素 C 被空气所氧化。接近终点时的滴定速度不宜过快，溶液呈稳定的浅蓝色即为终点。

2. 维生素 C 在空气中易被氧化，在配制维生素 C 样品溶液时，必须加入新煮沸并冷却的蒸馏水，以防止水中的氧化性物质干扰测定。

3. 由于维生素 C 具有很强的还原性，较容易被溶液和空气中的氧氧化，在碱性介质中这种氧化作用更强，因此滴定宜在酸性介质中进行，以减少副反应的发生。但 I^- 在强酸性介质中也易被氧化，所以一般选在 pH 为 3～4 的弱酸性溶液中进行滴定。

4. 由于碘具有挥发性，碘离子易被空气所氧化而使滴定产生误差。又由于碘的腐蚀性，使碘标准溶液的配制及标定比较麻烦。维生素 C 在稀盐酸溶液中，其 pH<3.8 时，维生素 C 吸收曲线比较稳定，在 243 nm 波长处有最大吸收的特性，所以可采用紫外分光光度法测定维生素 C 含片的含量。感兴趣的同学可以尝试该方法。

七、结果记录

表 2-5　天然维生素与维生素片剂中维生素 C 含量的比较和测定结果

实验内容	新鲜的蔬菜水果汁		市售的果汁		维生素 C 含片的水溶液
	青菜	西红柿	味全每日	农夫果园	
滴加多少使溶液深蓝色褪去					
维生素 C 含量由高到低的次序					

续表

测定次数 维生素 C 含片 百分含量测定	1	2	3
m：精称维生素 C 含片 粉末质量/g			
c_{I_2}：I_2 标液浓度/(mol/L)			
V_{I_2}：消耗 I_2 标液体积/mL			
维生素 C 含片的百分含量/%			
维生素 C 含片百分 含量的均值/%			
相对平均偏差			
蔬菜汁、果汁维生素 C 含量测定	青菜汁或西红柿汁		味全每日或农夫果园
取蔬菜汁、果汁的体积/mL			
V_{I_2}：消耗 I_2 标液体积/mL			
蔬菜汁、果汁维生素 C 含量/(g/L)			
蔬菜汁、果汁维生素 C 含量 均值/(g/L)			
相对平均偏差			

【知识拓展】

1）维生素 C 又称 L-抗坏血酸，是一种水溶性维生素，无色晶体。在化学结构上和糖类十分相似，酸性，具有较强的还原性。维生素 C 含量的测定有碘量法、2,6-二氯靛酚滴定法、高效液相色谱法、紫外分光光度法、2,4-二硝基苯肼法和原子吸收法等。

2）维生素 C 在生物氧化、还原作用以及细胞呼吸中起着重要的作用。其临床应用十分广泛，但过量摄取会产生多尿、下痢、皮肤发疹等副作用，滥用维生素 C 会削弱人体免疫力。由于维生素 C 结构中存在烯二醇基，性质非常活泼，容易发生多种降解反应使含量下降，色泽变黄而影响制剂质量。因此，维生素 C 药物在生产加工及储存过程中要做好其质量控制和生产后的含量测定。

实验六　鸡蛋壳中钙含量的测定

鸡蛋壳的主要成分是碳酸钙和少量的碳酸镁，质量约 5 g，厚度为 0.3～0.4 mm，每只蛋壳的含钙量为 2.5～4.4 g。蛋壳结构从里到外可分五层，第一层蛋壳内膜（中国药典称为凤凰衣，其主要成分为纤维蛋白、角蛋白和黏多糖组成的复杂蛋白质，占蛋壳总质量 15%～17%）；第二层蛋壳外膜；第三层乳头状锥形层；第四层栅状层（海绵层）；第五层蛋壳膜。蛋壳的形成过程为无壳蛋→内膜（角蛋白膜—蛋白纤维）→外膜（形成蛋壳的基础）→乳头层→海绵层（决定蛋壳的厚度和硬度，$CaCO_3$）→外壳膜（保护蛋壳的强度和保鲜）。

鸡蛋壳是一味中药，在《中药大辞典》里有收载。它具有燥湿化饮、制酸止痛、益肾壮骨、收敛止血等功效。鸡蛋壳粉的制酸作用是有科学根据的，其粉末进入胃部覆盖在炎症或溃疡的表面，可降低胃酸浓度，起到保护胃黏膜的作用。又由于蛋壳粉中高含量的钙可缩短凝血时间，所以蛋壳粉具有收敛止血的功效。

鸡蛋壳中钙含量的测定方法主要有高锰酸钾法和配位滴定法，前者干扰少、准确度高，但较费时；后者干扰多，但操作简单。本实验对这两种方法都做了介绍，学生可选择其中的一种方法进行测定，并对两种方法的测定结果比较。

高锰酸钾法

一、实验目的

1. 掌握 $KMnO_4$ 溶液的配制和标定。
2. 掌握 $KMnO_4$ 法间接测定 Ca^{2+} 的原理和方法。
3. 练习沉淀分离中的基本操作技术，如沉淀、过滤和洗涤等。

二、实验原理

高锰酸钾法测定鸡蛋壳中钙含量时先将蛋壳溶于盐酸，加入草酸铵溶液，在中性或碱性介质中生成难溶的草酸钙沉淀，将所得沉淀过滤、洗净，用硫酸溶解，再用高锰酸钾标准溶液滴定生成的草酸，通过钙与草酸的定量关系，间接求出钙的含量。

$$CaCO_3 + 2HCl = CaCl_2 + CO_2 \uparrow + H_2O$$
$$Ca^{2+} + C_2O_4^{2-} = CaC_2O_4 \downarrow$$
$$CaC_2O_4 + H_2SO_4 = CaSO_4 + H_2C_2O_4$$
$$2MnO_4^- + 5H_2C_2O_4 + 6H^+ = 2Mn^{2+} + 10CO_2 \uparrow + 8H_2O$$

CaC_2O_4 沉淀颗粒细小，易沾污，难于过滤。为了得到纯净而粗大的结晶，通常在含 Ca^{2+} 的酸性溶液中加入饱和 $(NH_4)_2C_2O_4$，由于 $C_2O_4^{2-}$ 浓度很低，而不能生成沉淀，此时向溶液中滴加氨水，溶液中 $C_2O_4^{2-}$ 浓度慢慢增大，这样可以获得颗粒比较粗大的 CaC_2O_4 沉淀。沉淀完全后再稍加陈化，以使沉淀颗粒长大，避免穿滤。pH 在 3.5～

4.5，这样既可避免其他难溶钙盐析出，又不使 CaC_2O_4 溶解度太大。

三、仪器、药品及材料

仪器：分析天平、台秤、电炉、水浴、50 mL 酸式滴定管、滴定台、250 mL 锥形瓶、洗瓶、50 mL 量筒、400 mL 烧杯、500 mL 烧杯、玻璃砂芯漏斗、表面皿、漏斗、研钵、玻璃棒。

药品：$KMnO_4$、$Na_2C_2O_4$ 基准试剂、2 mol/L H_2SO_4 溶液、6 mol/L HCl 溶液、10%柠檬酸铵溶液、甲基橙指示剂、$(NH_4)_2C_2O_4$ 饱和溶液、6 mol/L $NH_3·H_2O$、0.1%$(NH_4)_2C_2O_4$ 溶液、0.1 mol/L $AgNO_3$ 溶液。

材料：称量纸、慢速滤纸、鸡蛋壳。

四、实验步骤

1. 0.02 mol/L $KMnO_4$ 标准溶液的配制和标定

(1) 配制：用台秤称取 1.7～1.8 g 固体 $KMnO_4$，溶在煮沸并冷却的 500 mL 蒸馏水中，煮沸 10 分钟，再保持微沸约 1 小时。静置冷却后用玻璃砂芯漏斗过滤，滤液储于 500 mL 棕色试剂瓶中待标定，残余溶液和沉淀倒掉。

(2) 标定：用减量法准确称取 0.15～0.20 g 110℃ 烘干过的 $Na_2C_2O_4$ 三份于250 mL 锥形瓶中，用 50 mL 蒸馏水溶解后，加 2 mol/L H_2SO_4 溶液 15 mL，将溶液加热至 75～85℃，用待标定的 $KMnO_4$ 溶液滴定。

应注意以下四个条件：第一，温度。在室温下，上述反应速度缓慢，常需将溶液加热到 75～85℃ 进行滴定。滴定完毕时溶液的温度应不低于 60℃，同时滴定时溶液的温度也不宜太高（不超过 90℃），以防部分 $H_2C_2O_4$ 发生分解：$H_2C_2O_4 \longrightarrow CO_2 + CO + H_2O$。第二，酸度。溶液应保持足够的酸度。酸度过低，$KMnO_4$ 易分解为 MnO_2；酸度过高会促使 $H_2C_2O_4$ 分解。第三，滴定速度。该反应是自动催化反应，随着 Mn^{2+} 的产生反应速率逐渐加快，特别是滴定开始，加入第一滴 $KMnO_4$ 时，溶液褪色很慢（溶液中仅存在极少量的 Mn^{2+}）。所以开始滴定时，应逐滴缓慢加入，在 $KMnO_4$ 红色没有褪去之前，不急于加入第二滴。待几滴 $KMnO_4$ 溶液加入，迅速反应之后，滴定速度就可以稍快些。如果开始滴定很快，加入的 $KMnO_4$ 溶液来不及与 $C_2O_4^{2-}$ 反应，就会在热的酸性溶液中发生分解，导致标定结果偏低。若滴定前加入少量的 $MnSO_4$ 作催化剂，则滴定一开始，反应就能迅速进行，在接近终点时，滴定速度要缓慢，逐滴加入。第四，滴定终点。用 $KMnO_4$ 溶液滴定至终点后，溶液中出现的粉红色不能持久。因为空气中的还原性物质和灰尘等能与之缓慢作用，使之还原，故溶液的粉红色逐渐褪去。所以，滴定至溶液出现粉红色且半分钟内不褪色，即可认为达到了滴定终点。根据基准物 $Na_2C_2O_4$ 的质量和滴定时所消耗的 $KMnO_4$ 溶液的体积，计算 $KMnO_4$ 溶液的准确浓度及相对平均偏差，结果记录在表 2-6-1 中。在 H_2SO_4 介质中，$Na_2C_2O_4$ 标定 $KMnO_4$ 的反应：

$$2MnO_4^- + 5C_2O_4^{2-} + 16H^+ \longrightarrow 2Mn^{2+} + 10CO_2 \uparrow + 8H_2O$$

2. 样品测定

(1) 样品溶解：准确称取 0.13～0.18 g 鸡蛋壳粉末两份分别于 400 mL 烧杯中，加少许蒸馏水润湿，搅拌成糊状，盖上表面皿。用滴管自烧杯嘴处滴加 6 mol/L HCl 溶液 10 mL，待气泡停止产生后，小火加热使试样完全分解。冷却后用少量蒸馏水淋洗烧杯内壁及表面皿，加水稀释至 100 mL。

(2) 沉淀制备：在样品溶液中加 5 mL 10%柠檬酸铵溶液和 2 滴甲基橙指示剂，此时溶液显红色。加入 20 mL 饱和$(NH_4)_2C_2O_4$ 溶液，加热至 80℃左右，在不断搅拌下滴加 6 mol/L $NH_3 \cdot H_2O$ 至溶液由红色变为黄色。将烧杯置于水浴加热陈化 30 分钟左右，从水浴中取出，冷却至室温。

(3) 沉淀过滤和洗涤：在漏斗上放好滤纸，并做成水柱，将陈化后的溶液用慢速滤纸倾泻法过滤。用冷的 0.1%$(NH_4)_2C_2O_4$ 溶液洗涤沉淀 3～4 次，再用蒸馏水洗至滤液不含 $C_2O_4^{2-}$ 和 Cl^-，则洗涤完毕。在过滤和洗涤过程中尽量使沉淀留在烧杯中，应多次用水淋洗滤纸上部。

(4) 沉淀溶解和滴定：将洗净的沉淀连同滤纸小心取下展开并贴在原来盛放沉淀的烧杯内壁上，沉淀一端朝下。用 30 mL 2 mol/L H_2SO_4 溶液将滤纸上的沉淀洗入烧杯内，加水稀释至 100 mL，加热至 75～85℃，用已标定好的 $KMnO_4$ 标准溶液滴定至溶液呈粉红色时，再将滤纸浸入烧杯溶液中，用玻璃棒轻轻搅拌，若溶液褪色，则继续用 $KMnO_4$ 标准溶液滴定至粉红色 30 秒内不褪色即为终点，记下消耗 $KMnO_4$ 标准溶液体积。计算鸡蛋壳中钙的百分含量，将实验结果填入表 2-6-1 中。

$$w_{Ca}(\%) = \frac{5 \times c_{KMnO_4} \times V_{KMnO_4} \times 10^{-3} \times 40}{2 \times m_{样品}} \times 100\%$$

式中，c_{KMnO_4}——$KMnO_4$ 标准溶液的浓度，mol/L；

V_{KMnO_4}——测定样品时消耗 $KMnO_4$ 标准溶液的体积，mL；

$m_{样品}$——称取样品鸡蛋壳的质量，g。

五、思考题

1. $KMnO_4$ 标准溶液能否直接配制？为什么？

2. CaC_2O_4 沉淀为什么要先在酸性溶液中加入沉淀剂$(NH_4)_2C_2O_4$，然后在 80℃左右时滴加氨水至甲基橙指示剂变为黄色？

3. CaC_2O_4 沉淀生成后为什么要陈化？

4. CaC_2O_4 沉淀为什么先要用稀的 0.1%$(NH_4)_2C_2O_4$ 溶液洗涤，再用蒸馏水洗涤？怎样判断沉淀已洗净？

5. 如果将 CaC_2O_4 沉淀和滤纸一起置于 H_2SO_4 溶液中加热，再用 $KMnO_4$ 标准溶液滴定会产生什么影响？

六、注意事项

1. 取一只鸡蛋壳洗净取出内膜，烘干，用研钵研碎后称其质量进行含量分析。

2. 加 $KMnO_4$ 固体时，不能直接把 $KMnO_4$ 固体投入正在沸腾的水中，这样会产生爆沸现象，应将水稍冷却后再放入 $KMnO_4$ 固体。

3. 样品先用水润湿是为了防止样品加 HCl 时会产生大量 CO_2 气体，将样品粉末冲出。

4. 加柠檬酸铵是掩蔽 Fe^{3+}、Al^{3+} 等杂质，以免生成胶体和共沉淀。

5. 要得到 Ca^{2+} 与 $C_2O_4^{2-}$ 之间 1∶1 的计量关系，应使样品酸度控制在 pH＝4。酸度过高 CaC_2O_4 沉淀不完全；酸度过低，会有 $Ca(OH)_2$ 或碱式草酸钙沉淀产生。

6. 加甲基橙指示剂溶液显红色说明溶液呈酸性，在酸性溶液中，加 $(NH_4)_2C_2O_4$ 不应产生沉淀，若产生沉淀说明溶液酸性不足，此时应滴加 6 mol/L HCl 溶液至沉淀溶解，但不能多加，否则用氨水调节 pH 时用量较多。

7. 陈化过程中，若溶液变成红色，可补加几滴 6 mol/L $NH_3 \cdot H_2O$，使溶液刚刚变黄。

8. 先用沉淀剂稀溶液洗涤沉淀，是利用同离子效应，降低沉淀溶解度，以减少溶解损失，并洗去大量杂质。

9. 在酸性溶液中滤纸消耗 $KMnO_4$ 溶液，接触时间越长消耗越多，因此只能在滴定终点前才能将滤纸浸入溶液中，而且应轻轻拨动，使滤纸保持完整，不能将滤纸搅碎。

七、结果记录

表 2-6-1　鸡蛋壳中钙含量测定的原始实验数据

项目 ＼ 测定次数	1	2	3
$Na_2C_2O_4$ 基准试剂质量/g			
标定 $KMnO_4$ 消耗 $KMnO_4$ 体积/mL			
c_{KMnO_4}/(mol/L)			
$\bar{c}_{KMnO_4}$/(mol/L)			
相对平均偏差			
$m_{样品}$：样品鸡蛋壳质量/g			
$KMnO_4$ 标液终读数/mL			
$KMnO_4$ 标液初读数/mL			
V_{KMnO_4}/mL			
w_{Ca}/%			
$\bar{w}_{Ca}$/%			
相对平均偏差			

配位滴定法

一、实验目的

掌握 EDTA 配位滴定法测定 Ca^{2+} 的原理和方法。

二、实验原理

pH>12.5 时，Mg^{2+} 生成 $Mg(OH)_2$ 沉淀，用沉淀掩蔽镁离子后，用 EDTA 单独滴定钙离子。钙指示剂与钙离子显红色，灵敏度高，在 pH＝12～13 时滴定钙离子，终点呈指示剂自身的蓝色。终点时反应为：

$$CaInd^- + H_2Y^{2-} + OH^- \longrightarrow CaY^{2-} + HInd^{2-} + H_2O$$

酒红色   无色   纯蓝色

三、仪器、药品及材料

仪器：分析天平、电炉、水浴、50 mL 酸式滴定管、滴定台、250 mL 锥形瓶、洗瓶、100 mL 烧杯、表面皿、250 mL 容量瓶、25 mL 移液管、玻璃棒。

药品：0.02000 mol/L EDTA 标准溶液、6 mol/L HCl 溶液、10%NaOH 溶液、钙指示剂、（1＋1）三乙醇胺溶液。

材料：称量纸、广泛 pH 试纸、鸡蛋壳。

四、实验步骤

1. 蛋壳溶解

准确称取鸡蛋壳粉末 0.5～0.7 g，放入 100 mL 小烧杯中，加少许蒸馏水润湿，搅拌成糊状，盖上表面皿。用滴管自烧杯嘴处滴加 10 mL 6 mol/L HCl 溶液，待气泡停止发生后，微火加热将其溶解，冷却后用少量蒸馏水淋洗烧杯内壁及表面皿，然后将小烧杯中的溶液转移到 250 mL 容量瓶中，定容摇匀。

2. Ca^{2+} 滴定

（1）初步滴定：吸取 25 mL 试液，以 25 mL 水稀释，加 10%NaOH 溶液 4 mL，摇匀，使溶液 pH>12.5，再加约 0.01 g 钙指示剂（绿豆粒大小），用 EDTA 标准溶液滴定至溶液由酒红色变为纯蓝色即为终点（快到终点时，必须充分振摇），记录所用 EDTA 溶液的体积。

（2）正式滴定：吸取 25 mL 试液，以 25 mL 水稀释，加 4 mL（1＋1）三乙醇胺溶液，摇匀后再加入比初步滴定时所用约少 1 mL 的 EDTA 标准溶液，再加入 10%NaOH 溶液 4 mL，然后再加入绿豆粒大小的固体钙指示剂，继续用 EDTA 标准溶液滴定至终点，记录消耗 EDTA 标准溶液的体积 V，重复测定 3 次。计算蛋壳中钙的百分含量，将实验结果填入表 2-6-2 中。

$$w_{Ca}(\%) = \frac{c_{EDTA} \times V_{EDTA} \times 10^{-3} \times 40}{m_{样品} \times \dfrac{25}{250}} \times 100\%$$

式中，c_{EDTA}——EDTA 标准溶液的浓度，mol/L；

$\qquad V_{EDTA}$——滴定 Ca^{2+} 时消耗 EDTA 标准溶液的体积，mL；

$\qquad m_{样品}$——称取样品鸡蛋壳的质量，g。

五、思考题

1. 试比较 $KMnO_4$ 法和配位滴定法测定 Ca^{2+} 的优缺点。

2. 配位滴定法测定鸡蛋壳中钙含量的原理是什么？这时钙、镁共存相互有无干扰？为什么？

3. 本法测定钙含量时，试样中存在少量的铁、铝干扰物用什么方法除去？

六、注意事项

进行初步滴定的目的是为了便于在临近终点时才加入 NaOH 溶液，这样可以减少 $Mg(OH)_2$ 沉淀对 Ca^{2+} 的吸附作用，以防止终点的提前到达。

七、结果记录

表 2-6-2　鸡蛋壳中钙含量测定的原始实验数据

测定次数 项目	1	2	3
样品鸡蛋壳质量/g			
样品鸡蛋壳溶液总体积/mL			
测定时所取样品溶液体积/mL			
$c_{EDTA}/(mol/L)$			
EDTA 标液终读数/mL			
EDTA 标液初读数/mL			
V_{EDTA}/mL			
$w_{Ca}/\%$			
$\overline{w}_{Ca}/\%$			
相对平均偏差			

【知识拓展】

1) 鸡蛋壳一般是多孔透气的，以便内部生命演化时的新陈代谢。这里的透气指的是空气，当然也包括其中的氧。一般刚产的蛋有一小气室，因温度下降，蛋白、蛋黄收缩，气室就大一点，随着保存时间的增加，营养的消耗和水分的蒸发，气室会逐渐增大。如果蛋是受精卵，当气室超过1/3，即失去孵化价值。

2）鸡蛋壳的作用：①使皮肤细腻滑润。把蛋壳内一层蛋清收集起来，加一小匙奶粉和蜂蜜，拌成糊状，晚上洗脸后，把调好的蛋糊涂抹在脸上，30分钟后洗去，常用此法会使脸部肌肉细腻滑润。②治小儿软骨病。鸡蛋壳含有90%以上的碳酸钙，碾成粉末内服，可治小儿软骨病。③减轻胃痛。将鸡蛋壳洗净打碎，放入铁锅内用文火炒黄，然后碾成粉，越细越好，每天服一个鸡蛋壳的量，分2～3次在饭前或饭后用水送服，对十二指肠溃疡和胃痛、胃酸过多的患者，有止痛、制酸的效果。④消炎止痛。用鸡蛋壳碾成粉末外敷，有治疗创伤和消炎的功效。⑤治烫伤。在鸡蛋壳的里面，有一层薄薄的蛋膜。当身体的某一部位被烫伤后，可轻轻磕打一只鸡蛋，揭下蛋膜，敷在伤口上，经过10天左右，伤口就会愈合，而且敷上后能止痛。

第三章 化学与环境

实验七 饮用水总硬度的测定

水的总硬度是指水中钙、镁离子浓度的总和。在水中以碳酸盐及酸式碳酸盐形式存在的钙、镁盐，加热能被分解、析出沉淀而除去，这类盐所形成的硬度称为暂时硬度。而钙、镁的硫酸盐、氯化物或硝酸盐所形成的硬度称为永久硬度。暂硬和永硬的总和称为"总硬"。由钙离子形成的硬度称为"钙硬"，由镁离子形成的硬度称为"镁硬"。

工业用水对水的硬度有一定的要求，如工业锅炉用水，若硬度高，则易在锅炉内壁和蒸汽管道上形成水垢，不仅多耗燃料，而且可能引起锅炉爆炸，所以锅炉用水硬度必须控制。生活饮用水的质量与人们的健康密切相关，饮用水硬度过高：①会影响肠胃的消化功能；②用其烹饪鱼或蔬菜，常因不易煮熟而破坏或降低营养价值；③用其泡茶会改变茶的色香味而降低饮用价值；④用其做豆腐不仅使产量降低，而且会影响其营养成分。

钙、镁离子总量的测定结果常以碳酸钙的量计算水的硬度，我国通常的表示方法是：①用每升水中碳酸钙的毫克数表示；②用水中钙和镁总量的"mmol/L"表示。中国生活饮用水卫生标准中规定硬度（以 $CaCO_3$ 计）不得超过 450 mg/L。硬度小于 60 mg/L 的水称为软水。各国对水的硬度表示方法不同，国际上硬度的表示方法有如下几种：

(1) 德国硬度：1 德国硬度相当于 CaO 含量为 10 mg/L 或 0.178 mmol/L。

(2) 英国硬度：1 英国硬度相当于 $CaCO_3$ 含量为 1 格令/英加仑或 0.143 mmol/L。

(3) 法国硬度：1 法国硬度相当于 $CaCO_3$ 含量为 10 mg/L 或 0.1 mmol/L。

(4) 美国硬度：1 美国硬度相当于 $CaCO_3$ 含量为 1 mg/L 或 0.01 mmol/L。

一、实验目的

1. 了解总硬度测定的意义、硬度表示方法和水样采集方法。
2. 掌握 EDTA 法测定饮用水总硬度的原理和方法。

二、实验原理

测定水的硬度用 EDTA（Na_2H_2Y 为乙二胺四乙酸二钠盐）进行配位滴定，即滴定反应为配位反应：

$$Ca^{2+} + [H_2Y]^{2-} \longrightarrow [CaY]^{2-} + 2H^+$$

$$Mg^{2+} + [H_2Y]^{2-} \longrightarrow [MgY]^{2-} + 2H^+$$

反应生成的配离子较稳定，$K_{解离}^{\ominus}$ 较小，如 $[CaY]^{2-}$ 为 2.09×10^{-11}，$[MgY]^{2-}$ 为 2.04×10^{-9}，它们的配位反应进行得较完全。

EDTA 有 6 个配位原子，所以能与金属离子形成配位比为 1:1 的配合物。

EDTA 滴定金属离子需采用指示剂指示滴定终点。测定水的硬度时，一般采用铬黑 T 为指示剂。铬黑 T 是三元有机酸，用 H_3In 表示，在 $pH = 8 \sim 10$ 时呈天蓝色 $[HIn]^{2-}$，它与 Ca^{2+}、Mg^{2+} 离子形成紫红色的配离子 $[CaIn]^-$、$[MgIn]^-$。铬黑 T 与 Ca^{2+}、Mg^{2+} 离子形成的配离子稳定性比 $[CaY]^{2-}$、$[MgY]^{2-}$ 稳定性差，因此当待测水样在 $pH \approx 10$ 的缓冲溶液中时，加入铬黑 T 溶液呈紫红色，用 EDTA 标准溶液滴定，到达滴定终点时发生如下反应：

$$[CaIn]^- + [H_2Y]^{2-} \longrightarrow [CaY]^{2-} + [HIn]^{2-} + H^+$$

$$[MgIn]^- + [H_2Y]^{2-} \longrightarrow [MgY]^{2-} + [HIn]^{2-} + H^+$$

$$\qquad\qquad \text{紫红色} \qquad\qquad\qquad\qquad\qquad \text{天蓝色}$$

溶液由紫红色变为天蓝色，指示滴定终点达到。根据 EDTA 溶液的浓度和用量，即可算出水的总硬度。

$$钙镁总量\ c(\text{mmol/L}) = \frac{c_{EDTA} \times V_{EDTA}}{V_{试样}} \times 1000$$

式中，c_{EDTA} ——EDTA 标准溶液的浓度，mol/L；

$\qquad\quad V_{EDTA}$ ——滴定时用去的 EDTA 标准溶液的体积，mL；

$\qquad\quad V_{试样}$ ——取水样体积，mL。

三、仪器、药品及材料

仪器：50 mL 酸式滴定管、50 mL 移液管、250 mL 锥形瓶、洗耳球、500 mL 烧杯、5 mL 量筒、洗瓶。

药品：0.01000 mol/L EDTA 标准溶液、NH_3-NH_4Cl 缓冲溶液（$pH \approx 10$）、铬黑 T 指示剂。

材料：药匙或对折的纸片。

四、实验步骤

1. 水样采集

采集水样可用硬质玻璃瓶（或聚乙烯容器）。采样前将瓶洗净，采样时用水冲洗 3 次。采集自来水样时，应先放水数分钟，使积留在水管中的杂质流出，用已洗净的玻璃瓶承接水样 500～1000 mL，盖好瓶塞备用。也可将水样收集在 500 mL 烧杯中。

2. 总硬测定

用 50 mL 移液管取 3 份水样分别放入 3 个 250 mL 锥形瓶中，各加入 5 mL NH_3-NH_4Cl 缓冲溶液及绿豆粒大小（约 0.01 g）铬黑 T 指示剂，摇匀，此时溶液呈紫红色（或酒红色），用 0.01000 mol/L EDTA 标准溶液滴定至天蓝色（或纯蓝色），即为终点。计算水的总硬度，以每升水中碳酸钙的毫克数或水中钙镁总量的"mmol/L"表示。实验数据记录在表 3-1 中。

五、思考题

1. 中国生活饮用水卫生标准中规定的硬度用德国硬度表示时，如何计算？

2. 测定自来水中钙镁总量时，如何取样？滴定时所取水样为 50 mL，能否取少一些，如 5 mL 或 10 mL？

3. 为什么要在缓冲溶液中进行滴定？如果没有缓冲溶液存在，将会导致什么现象发生？

4. 在测定水的硬度时，先于三个锥形瓶中加水样，再加氨性缓冲溶液和铬黑 T 指示剂，然后再一份一份地滴定，这样好不好？为什么？

六、注意事项

1. 1 mmol/L 的钙镁总量相当于 100.1 mg/L 以 $CaCO_3$ 表示的硬度。

2. 由于配位反应的反应速度比中和反应速度慢，所以滴定时的速度不能太快，尤其是接近终点时，出现过渡的蓝紫色，此时要减慢滴定速度，充分摇荡锥形瓶，以免滴定过量。

3. 如有 Fe^{3+}、Al^{3+} 干扰离子，用三乙醇胺掩蔽。Cu^{2+}、Pb^{2+}、Zn^{2+} 等重金属离子用 KCN、Na_2S 或巯基乙酸等掩蔽。

4. 当水样中 Mg^{2+} 离子含量低时，以铬黑 T 作指示剂测定水中 Ca^{2+}、Mg^{2+} 离子总量时，终点不明显，常常在水样中先加少量 Mg^{2+} 离子，再用 EDTA 滴定，终点就敏锐。

5. 配位滴定中，加入指示剂的量是否适当对于终点的观察十分重要，宜在实践中总结经验，加以掌握。

七、结果记录

表 3-1　饮用水总硬度测定的原始实验数据

项目 ＼ 测定次数	1	2	3
$c_{EDTA}/(mol/L)$			
$V_{试样}/mL$			
EDTA 标液终读数/mL			
EDTA 标液初读数/mL			
V_{EDTA}/mL			
钙镁总量 $c/(mmol/L)$			
$\bar{c}$			
相对平均偏差			
以碳酸钙表示的硬度/(mg/L)			

实验八 化肥的真假鉴别与氮肥中氮含量的测定

化肥的品种很多，不同品种的化肥，具有不同的理化性质。在缺乏仪器药品的情况下，可用如下简易的方法进行鉴别：

1. 外表检查：白色或灰白色细粒结晶并有氨味的是碳酸氢铵。

2. 水中溶解情况检查：用小瓷匙取一匙肥料，倒入盛有清水的杯中，用玻璃棒搅拌1～2分钟，如果肥料完全溶解，则可能是氮肥（石灰氮除外）或钾肥（窑灰钾除外）。如部分溶解的，是过磷酸钙和重过磷酸钙。如全部不溶解，则可能是石灰氮、钙镁磷肥、钢渣磷肥、磷矿粉与窑灰钾。如果能溶解，则进一步向溶液中加入少量石灰，如有氨的臭味，可能是硫酸铵、氯化铵或硝酸铵。没有氨的臭味，则可能是硫酸钾、氯化钾或尿素。

3. 硫酸铵、氯化铵、硝酸铵区别：在烧红的木炭上或烈火中不燃烧，只慢慢熔化消失并放出氨味的是硫酸铵。能熔化成气体，放出氨的臭味和闪耀白光的是氯化铵。能迅速燃烧，并有红黄色火焰和呼呼响声，同时放出氨的臭味和白烟的是硝酸铵。

4. 尿素、硫酸钾、氯化钾区别：放在火中能够燃烧，放出臭味，并能很快熔化和挥发完的是尿素。能够燃烧，并有爆裂声，没有氨臭的是硫酸钾与氯化钾，但氯化钾有盐味，可与硫酸钾区别。

5. 过磷酸钙与重过磷酸钙区别：有湿涩的感觉并有酸味的是过磷酸钙。

6. 石灰氮、钙镁磷肥、钢渣磷肥、磷矿粉与窑灰钾区别：这几种肥料都不溶于水，但石灰氮遇水会发热并有电石气味。钙镁磷肥是灰色或暗绿色的玻璃状粉末，有光泽。磷矿粉是褐色、灰色或灰黑色粉末，不吸湿。钢渣磷肥是炼钢的炉渣，为黑色粉末，密度大，不吸湿。窑灰钾为灰色或灰黄色粉末，质地细腻轻浮，吸湿性强。

一、实验目的

1. 掌握化肥的真假简易鉴别方法。
2. 掌握甲醛-酸碱滴定法测定氮肥中氮含量的原理和方法。

二、实验原理

氮含量的测定方法主要有两种：一种是蒸馏法，也称为凯氏定氮法，适用于无机、有机物质中氮含量的测定，准确度较高，另一种是甲醛法，适用于铵盐中铵态氮的测定，方法简便，生产中广泛应用。

铵盐硫酸铵是农业生产中常用的氮肥，是强酸弱碱盐，可用酸碱滴定法测定其含氮量。但由于 NH_4^+ 的酸性太弱（$K_a = 5.6 \times 10^{-10}$），不符合准确滴定的 $K_a \cdot c > 10^{-8}$ 基本要求，不能直接用 NaOH 标准溶液准确滴定，需设法强化。

甲醛与铵盐作用，生成的 H^+ 和质子化的六次甲基四胺酸（$K_a = 7.1 \times 10^{-6}$），均可被 NaOH 标准溶液准确滴定（弱酸 NH_4^+ 被强化），反应如下：

$$4NH_4^+ + 6HCHO = (CH_2)_6N_4H^+ + 6H_2O + 3H^+$$
$$\text{六次甲基四胺酸离子}$$

$$(CH_2)_6N_4H^+ + 3H^+ + 4NaOH = 4H_2O + (CH_2)_6N_4 + 4Na^+$$

化学计量点时溶液呈弱碱性（六次甲基四胺为有机碱，$K_b = 1.4 \times 10^{-9}$），终点时理论的 pH=8.8，可选酚酞作指示剂。由上述反应可知，铵盐与 NaOH 之间的物质的量的关系为：

$$4N \longrightarrow 4NH_4^+ \longrightarrow 4H^+ \longrightarrow 4NaOH$$

若 NH_4^+ 的含量以氮来表示，则测定结果的计算式为：

$$w_N(\%) = \frac{c_{NaOH} \times V_{NaOH} \times 10^{-3} \times 14}{m_{试样} \times \dfrac{25}{250}} \times 100\%$$

式中，c_{NaOH}——NaOH 标准溶液的浓度，mol/L；

$\quad\quad V_{NaOH}$——滴定时消耗的 NaOH 标准溶液的体积，mL；

$\quad\quad m_{试样}$——为所称试样硫酸铵的质量，g。

因试样不够均匀，所以要多称些试样溶解于容量瓶中，再吸取部分溶液进行测定，这样测定结果的代表性就可大一些，这种取样的方法称为取大样。

三、仪器、药品及材料

仪器：分析天平、滴定台、碱式滴定管、100 mL 烧杯、25 mL 移液管、250 mL 容量瓶、250 mL 锥形瓶、5 mL 刻度吸管、洗耳球、洗瓶、玻璃棒。

药品：硫酸铵试样、40% 中性甲醛溶液、酚酞指示剂、甲基红指示剂、0.1000 mol/L NaOH 标准溶液（浓度见标签）。

材料：称量纸。

四、实验步骤

1. 准确称取 2 g 左右 $(NH_4)_2SO_4$ 肥料于 100 mL 烧杯中，加少量蒸馏水使之溶解。然后定量地转移至 250 mL 容量瓶中，用蒸馏水稀释至刻度线，塞上玻塞，摇匀。

2. 用 25 mL 移液管准确吸取 3 份上述混匀的试样分别于 3 只 250 mL 锥形瓶中，加 1～2 滴甲基红指示剂，如呈现红色则表示硫酸铵试样中含有游离酸，要先用 0.1000 mol/L NaOH 标准溶液滴定至溶液呈黄色以中和 $(NH_4)_2SO_4$ 试样中原有的酸。此步不计 NaOH 标准溶液的体积。

3. 加入 5 mL 预先已用 NaOH 溶液中和过的 40% 的中性甲醛溶液和 2 滴酚酞指示剂，充分摇匀。静置 1 min，再用 0.1000 mol/L NaOH 标准溶液滴定至溶液呈微红色，并持续半分钟不褪色即为终点。根据 NaOH 标准溶液的浓度和滴定时消耗的体积，计算 $(NH_4)_2SO_4$ 试样中铵态氮的百分含量和测定结果的相对平均偏差。将实验结果记录在表 3-2 中。

五、思考题

1. 怎样才能买到货真价实的化肥？
2. 怎样用简便快捷的方法来鉴别化肥的真假？
3. 怎样从化肥的商品特征辨别真假？
4. 怎样从化肥的外观特征辨别真假？
5. NH_4^+ 为 NH_3 的共轭酸，为什么不能直接用 NaOH 溶液滴定？
6. NH_4NO_3、NH_4Cl 或 NH_4HCO_3 中的含氮量能否用甲醛法测定？
7. 为什么中和甲醛中的游离酸用酚酞指示剂，而中和 $(NH_4)_2SO_4$ 试样中的游离酸用甲基红指示剂？

六、注意事项

1. 因甲醛被空气中的氧气氧化而含有少量的甲酸，铵盐中也可能含有少量的游离酸（决定于制造方法和纯度），为提高分析结果的准确度，在测定前必须进行预处理。

2. 甲醛必须是中性的，取一定量的甲醛以酚酞为指示剂，用 NaOH 溶液中和至微红色（pH≈8）。立即装回试剂瓶中加盖保存，防止大量挥发而污染环境。

3. 若试样中含有游离酸，应事先加 1~2 滴甲基红指示剂，用 NaOH 标准溶液滴定至溶液呈黄色（pH≈6），以中和 $(NH_4)_2SO_4$ 试样中原有的酸，如果不进行这一步，结果会偏高。因所加的 NaOH 首先中和 $(NH_4)_2SO_4$ 试样中原有的酸，然后再与甲醛反应，生成六次甲基四胺盐（$K_a = 7.1 \times 10^{-6}$）和强酸，此时消耗 NaOH 标准溶液的体积就会增多，产生正误差。

4. 试样中加入 5 mL 40% 中性甲醛溶液后，溶液呈红色。因甲基红指示剂变色的 pH 范围为 4.8~6.0，颜色变化由红→黄。加入 40% 中性甲醛溶液，溶液呈酸性，所以溶液呈红色。但不影响后面的滴定，继续进行下面的操作，再加 2 滴酚酞指示剂，充分摇匀。静置 1 min，再用 0.1000 mol/L NaOH 标准溶液滴定，溶液的颜色由红色→黄色→无色→粉红色，即为终点。

5. 甲醛中含有甲醇，有毒，使用时应注意安全。

七、结果记录

表 3-2 硫酸铵肥料中含氮量测定的原始实验数据

项目＼测定次数	1	2	3
称取试样硫酸铵肥料的质量/g			
硫酸铵肥料溶液总体积/mL			
测定时移取硫酸铵溶液的体积/mL	25.00	25.00	25.00

续表

项目 \ 测定次数	1	2	3
$c_{NaOH}/(mol/L)$			
NaOH 标液终读数/mL			
NaOH 标液初读数/mL			
V_{NaOH}/mL			
$w_N/\%$			
$\overline{w}_N/\%$			
相对平均偏差			

【知识拓展】

1) 真假化肥从形状和颜色上鉴别

① 尿素：白色或淡黄色，呈颗粒状、针状或棱柱状结晶。

② 硫酸铵：白色晶体。

③ 碳酸氢铵：呈白色粉末状或颗粒状结晶，个别厂家生产大颗粒扁球状碳酸氢铵。

④ 氯化铵：白色或淡黄色结晶。

⑤ 硝酸铵：白色粉状结晶或白色、淡黄色球状颗粒。

⑥ 氨水：无色或深色液体。

⑦ 石灰氮：呈灰黑色粉末。

⑧ 过磷酸钙：灰白色或浅肤色粉末。

⑨ 重过磷酸钙：深灰色、灰白色颗粒或粉末状。

⑩ 钙镁磷肥：灰褐色或暗绿色粉末。

⑪ 钙镁磷钾肥：灰褐色或暗绿色粉末。

⑫ 磷矿粉：灰色、褐色或黄色细粉。

⑬ 硝酸磷肥：灰白色颗粒。

⑭ 硫酸钾：白色晶体或粉末。

⑮ 氯化钾：白色或淡红色颗粒。

⑯ 磷酸一铵：灰白色或深灰色颗粒。

⑰ 磷酸二铵：白色或淡黄色颗粒。

2) 真假化肥从气味上鉴别

有强烈刺鼻氨味的液体是氨水。有明显刺鼻氨味的细粒是碳酸氢铵。有酸味的细粉是重过磷酸钙。有特殊腥臭味的是石灰氮。如果过磷酸钙有很刺鼻的怪酸味，则说明生产过程中很可能使用了废硫酸，这种劣质化肥有很大的毒性，极易损伤或烧死作物。

实验九　高锰酸盐指数的测定

高锰酸盐指数指在酸性或碱性介质中，以高锰酸钾为氧化剂，处理水样时所消耗的量，以氧的 mg/L 表示。水中的亚硝酸盐、亚铁盐、硫化物等还原性无机物和在此条件下可被氧化的有机物，均可消耗高锰酸钾。因此，高锰酸盐指数常被作为地表水受有机污染物和还原性无机物污染程度的综合指标。

高锰酸盐指数亦称为化学需氧量的高锰酸钾法。由于在规定的条件下，水中有机物只能部分被氧化，并不是理论上的需氧量，也不是反映水体中总有机物含量的尺度。因此，用高锰酸盐指数这一术语作为水质的一项指标，以区别于重铬酸钾法的化学需氧量，更符合客观实际。

酸　性　法

一、实验目的

1. 了解环境污染的指标及分析方法。
2. 研究水体被污染的程度。
3. 掌握酸性高锰酸钾法测定化学需氧量的原理和方法。

二、实验原理

水样加入硫酸使呈酸性后，加入过量的高锰酸钾溶液，水浴加热以加快反应。剩余的高锰酸钾用过量的草酸钠溶液还原，再用高锰酸钾溶液回滴过剩的草酸钠。根据高锰酸钾溶液的消耗量，通过计算求出水样中高锰酸盐指数值。本方法适用于氯离子含量不超过 300 mg/L 的水样中化学需氧量（COD）的测定。当水样中高锰酸盐指数数值超过 10 mg/L 时，应将水样稀释后再测定。

三、仪器、药品及材料

仪器：250 mL 锥形瓶、50 mL 酸式滴定管、恒温水浴、10 mL 移液管、100 mL 量筒、5 mL 刻度吸管、洗耳球、定时钟、G-3 玻璃砂芯漏斗、容量瓶、万分之一分析天平。

药品：（1＋3）H_2SO_4 溶液（趁热滴加高锰酸钾溶液至呈微红色）、$KMnO_4$ 储备液（1/5 $KMnO_4$ ＝0.1 mol/L）、$KMnO_4$ 使用液（1/5 $KMnO_4$ ＝0.01 mol/L，临用前由 $KMnO_4$ 储备液稀释 10 倍）、$Na_2C_2O_4$ 标准储备液（1/2 $Na_2C_2O_4$ ＝0.1000mol/L）、$Na_2C_2O_4$ 标准使用液（1/2 $Na_2C_2O_4$ ＝0.01000 mol/L）。

四、实验步骤

1. 取 100 mL 水样于 250 mL 锥形瓶中。如水样中高锰酸盐指数超过 10 mg/L 时，应酌情少取，用蒸馏水将水样稀释至 100 mL 后再测定。

2. 加 5 mL(1+3)H_2SO_4 溶液，混匀。

3. 用 10 mL 移液管准确地加入 0.01 mol/L $KMnO_4$ 使用液 10.00 mL，摇匀。立即放入沸水浴中加热 30 min（沸水浴液面要高于锥形瓶内反应液的液面），如在加热过程中 $KMnO_4$ 的紫红色褪去，必须将水样稀释，重新测定。

4. 取下锥形瓶后，立刻准确地加入 0.01000 mol/L $Na_2C_2O_4$ 标准溶液 10.00 mL，摇匀，待 $KMnO_4$ 的紫红色完全消失后，趁热（温度不应低于 70℃，否则需加热）用 0.01 mol/L $KMnO_4$ 溶液滴定至微红色不褪，即为终点。记录 $KMnO_4$ 溶液的消耗量。以 C 代表还原性物质，其反应原理如下：

$$4MnO_4^- + 5C + 12H^+ \longrightarrow 4Mn^{2+} + 5CO_2 \uparrow + 6H_2O$$

$$2MnO_4^- + 5C_2O_4^{2-} + 16H^+ \longrightarrow 2Mn^{2+} + 10CO_2 \uparrow + 8H_2O$$

5. $KMnO_4$ 溶液浓度的标定：$KMnO_4$ 溶液的浓度不稳定，所以每次做样品时，必须进行校正，求出校正系数 K。方法为：于上述已滴定完毕的水样趁热（70~80℃）准确地加入 10.00 mL 的 0.01000 mol/L $Na_2C_2O_4$ 标准溶液，再用 0.01 mol/L $KMnO_4$ 溶液滴至微红色，记录消耗 $KMnO_4$ 溶液的体积 V（mL），则 $KMnO_4$ 溶液的校正系数 $K = \dfrac{10.00}{V}$。

若水样经稀释，应同时取 100 mL 蒸馏水，按水样测定步骤进行空白实验。结果计算如下：

（1）水样未经稀释

$$高锰酸盐指数(O_2, mg/L) = \frac{[(10+V_1)K - 10] \times c_{Na_2C_2O_4} \times 8 \times 1000}{100}$$

式中，V_1　——测定水样时所消耗的 $KMnO_4$ 溶液的体积，mL；

　　　　K　　——$KMnO_4$ 溶液的校正系数；

　　　　$c_{Na_2C_2O_4}$——$Na_2C_2O_4$ 标准溶液的浓度，mol/L。

（2）水样经稀释

$$高锰酸盐指数(O_2, mg/L) = \frac{\{[(10+V_1)K - 10] - [(10+V_0)K - 10] \times \beta\} \times c_{Na_2C_2O_4} \times 8 \times 1000}{V_2}$$

式中，V_0　——空白实验中所消耗的 $KMnO_4$ 溶液的体积，mL；

　　　　V_2　——取样体积，mL；

　　　　β　——稀释水样中含水的比值。如取样体积为 20.0 mL，加 80.0 mL 蒸馏水稀释至 100 mL，则 $\beta = 0.8$。

以上实验数据均填入表 3-3 中。

五、思考题

1. 高锰酸钾滴定草酸时应注意哪些反应条件？在什么情况下应用碱性高锰酸钾法测定 COD？为什么？

2. 根据国家环境保护部公布的水处理标准中，对所测 COD 值进行讨论是否达到处理标准，如没有达到应采取的措施是什么？

3. 为什么 COD 是衡量水体污染程度的一项重要指标？影响 COD 测定结果的因素有哪些？测定化学需氧量的方法种类及适用范围是什么？

4. 为什么要做空白实验？做空白实验时应注意哪些问题？

六、注意事项

1. 谨慎操作，玻璃器皿易碎，加热后温度高，要防止烫伤。

2. 高锰酸盐指数是一个相对的条件性指标，其测定结果与溶液的酸度、$KMnO_4$ 溶液浓度、加热温度和时间有关。因此，要严格控制反应条件，使结果具有可比性。$KMnO_4$ 不能过早地加好放在那里不加热。

3. 煮沸 30 min 后应残留 $40\% \sim 60\% KMnO_4$。如煮沸过程中红色消失或变黄，说明有机物或还原性物质过多，需将水样稀释后重做。同滴过量的草酸钠标准溶液所消耗的 $KMnO_4$ 溶液的体积应在 $4 \sim 6$ mL 左右，否则需重新取水样测定。

4. 因为一般蒸馏水中常含有若干可以被氧化的物质，所以用蒸馏水稀释水样时，必须测定空白蒸馏水的耗氧量，并在最后结果中减去此部分。

5. 在酸性条件下，草酸钠与 $KMnO_4$ 的反应温度应保持在 $70 \sim 80℃$，所以滴定应趁热进行，若溶液温度过低，应加热后再测定。

七、结果记录

表 3-3　酸性高锰酸钾法测定化学需氧量的原始实验数据

测定次数　　　　　项目	1	2	3
标定 $KMnO_4$ 浓度时消耗的体积 V/mL			
$KMnO_4$ 溶液的校正系数 K			
$c_{Na_2C_2O_4}$ /(mol/L)			
测定水样时消耗 $KMnO_4$ 溶液的体积 V_1/mL			
空白实验消耗 $KMnO_4$ 溶液的体积 V_0/mL			
取水样体积 V_2/mL			
稀释水样中含水的比值 β			
高锰酸盐指数/(mg/L)			
高锰酸盐指数均值/(mg/L)			
相对平均偏差			

碱 性 法

一、实验目的

掌握碱性高锰酸钾法测定化学需氧量的原理和方法。

二、实验原理

在碱性条件下，加入一定量高锰酸钾溶液于水样中，并在沸水浴上加热反应一定时间，以氧化水中的还原性无机物和部分有机物。加酸酸化后，加入过量的草酸钠溶液还原剩余的高锰酸钾溶液，再用 $KMnO_4$ 溶液滴定过剩的草酸钠溶液至溶液呈微红色。

三、仪器、药品及材料

50％氢氧化钠溶液，其余均同酸性法。

四、实验步骤

1. 取 100 mL 待测水样（或酌情少取，用水稀释至 100 mL）于 250 mL 锥形瓶中，加入 50％NaOH 溶液 0.5 mL，摇匀。

2. 准确加入 0.01 mol/L $KMnO_4$ 溶液 10.00 mL，摇匀。将锥形瓶立即放入沸水浴中加热 30 min（从水浴重新沸腾计时），沸水浴液面要高于反应溶液的液面。

3. 从水浴中取出锥形瓶，冷却至 80℃左右，加入 5 mL(1＋3)H_2SO_4 溶液并保证溶液呈酸性，摇匀。

4. 准确地加入 0.01000 mol/L $Na_2C_2O_4$ 标准溶液 10.00 mL，摇匀。

5. 立即用 0.01 mol/L 的 $KMnO_4$ 溶液回滴至微红色即为终点。$KMnO_4$ 溶液校正系数的测定及最后结果计算均同酸性法。

五、思考题

用酸性法和碱性法同时测定高锰酸盐指数的标准溶液，两种方法的测定结果和标准偏差是否相同？

六、注意事项

1. 50％NaOH 溶液储于聚乙烯瓶中。

2. $KMnO_4$ 溶液加热煮沸，放置过夜，再用 G-3 玻璃砂芯漏斗过滤，滤液储于棕色瓶中。

3. 水样采集于玻璃瓶后，应尽快分析。若不能立即分析，应加入硫酸调节使 pH＜2，4℃冷藏保存并在 48h 内测定。

4. 该法适用于氯离子含量高于 300 mg/L 的水样。

实验十　模拟地球温室效应

随着人类居住环境——地球不断变暖，南、北极的冰川不断融化，海平面逐渐上升。人类过量排放二氧化碳所导致的地球变暖现象越来越严重，已成为世界各国普遍关注的问题。温室效应是近年来频繁出现的一种环境现象，是因为温室气体（例如 CO_2）有较好的吸热、散热功能，所以温室气体可对环境温度的变化产生影响。也能从身边的变化，比如夏天高温天气增多、冬季下雪天减少等间接地了解温室效应。为此我们用实验让同学们认识温室效应现象，目的是让学生对温室效应有一个比较直观的认识，提高同学们的环保意识。

一、实验目的

1. 了解温室效应的原理，进行温室效应模拟实验。
2. 通过实验验证 CO_2 对温室效应的贡献。

二、实验原理

根据气体热胀冷缩的原理，观察红墨水柱液面上升的距离，即可判断出装有 CO_2 集气瓶里的温度比装有空气集气瓶里的温度要高。

装有 CO_2 的 A 集气瓶吸收较多阳光的热量，瓶内温度升高明显，气体受热膨胀，体积增大，使 U 形管 b 端的液面上升。而装有空气的 B 集气瓶虽然接受的阳光照射与 A 瓶一样，但所吸收阳光的热量较少，瓶内温度升高不明显，U 形管 b 端液面上升的幅度很小。由此可以证明 CO_2 是导致温室效应的气体。

三、仪器、药品及材料

仪器：滴管、有刻度线的 U 形管、集气瓶。
药品：碳酸钙、6 mol/L HCl 溶液。
材料：红墨水、橡皮塞、黑纸板。

四、实验步骤

1. 用滴管分别向两套有刻度线的 U 形管中滴入等量的红墨水至中部刻度线，并使两端液面保持水平。实验装置如图 3-1 所示。
2. 用集气瓶收集一瓶 CO_2 气体，立即塞上带有 U 形管的橡皮塞，编号为 A。另一集气瓶中为空气，直接塞上带有 U 形管的橡皮塞，编号为 B，作对比用。
3. 两集气瓶底部各放一块黑色的纸板。
4. 将两套装置放在阳光下照射，每隔 1 min

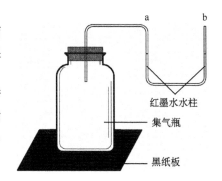

图 3-1　温室效应模拟实验图

观察变化，并在表 3-4 中记录两个 U 形管 b 端液面上升的高度。

5. 可以看到，经过一段时间的阳光照射，装置 A 中 U 形管的 a 端液面下降、b 端液面上升。而装置 B 中 U 形管 a、b 两端液面高度无明显变化。

五、思考题

1. 请对你所观察和记录的结果做出解释。
2. 你自己能否重新制定一个温室效应的实验计划，请写出简要过程。
3. 什么叫温室效应？其危害是什么？温室效应的预防对策有哪些？当今全球面临哪三大环境问题？

六、注意事项

1. CO_2 气体可以通过碳酸钙和盐酸反应制得。
2. 必须保证两套集气瓶装置接受的阳光照射强度一致。
3. 必须保证两套集气瓶装置有较好的气密性。
4. U 形管越细，现象越明显。

七、结果记录

表 3-4 温室效应模拟实验数据

时间/min	A 集气瓶 b 端液面上升的高度/mm	B 集气瓶 b 端液面上升的高度/mm
1		
2		
3		
4		
5		
6		
7		
8		
9		
10		
11		
12		
13		
14		
15		

【知识拓展】

1) 温室效应是指：①透射阳光的密闭空间由于与外界缺乏热交换而形成的保温效应，就是太阳短波辐射可以透过大气射入地面，而地面增暖后放出的长波辐射却被大气中的 CO_2 等物质所吸收，从而产生大气变暖的效应。大气中的 CO_2 就像一层厚厚的玻璃，使地球变成了一个大暖房。据估计，如果没有大气，地表平均温度就会下降到 $-23℃$，而实际地表平均温度为 $15℃$，也就是说温室效应使地表温度提高了 $38℃$。②由于人类能源消耗急剧增加，森林破坏，大气中 CO_2 的含量不断上升。大气中 CO_2 气体像温室的玻璃或塑料薄膜那样，使地面吸收太阳光的热量不易散失，从而使全球变暖，这种现象叫温室效应。③大气温室效应也指大气物质对近地气层的增温作用，即随着大气中 CO_2 等增温物质的增多，使得能够更多地阻挡地面和近地气层向宇宙空间的长波辐射能量支出，从而使地球气候变暖。其可能的积极作用是使部分干旱区雨量增多，高纬度农业区热量状况改善，但更主要的负面影响是使热带和温带的旱、涝灾害频繁发生，以及冰山融化，海平面上升，沿海三角洲被淹没等。

2) 温室有两个特点：温度较室外高、不散热。生活中玻璃育花房和蔬菜大棚就是典型的温室。用玻璃或透明塑料薄膜来做温室，是让太阳光能够直接照射进温室，加热室内空气，而玻璃或透明塑料薄膜又不让室内的热空气向外散发，使室内的温度高于外界，以有利于植物快速生长的条件。

3) 温室效应带来：①地球上的病虫害增加。②海平面上升。③气候反常，海洋风暴增多。④土地干旱、沙漠化面积增大等严重恶果。科学家预测：如果地球表面温度的升高按现在的速度继续发展，到 2050 年全球温度将上升 $2\sim4℃$，南北极地冰山将大幅度融化，导致海平面大大上升，一些岛屿国家和沿海城市将淹于水中，其中包括几个著名的国际大城市，如纽约、上海、东京和悉尼。

4) 温室效应是由于人口急剧增加，工业迅猛发展，现代化工业社会过多燃烧煤炭、石油和天然气所排放的大量 CO_2 造成的。同时，由于对森林乱砍滥伐，大量农田建成城市和工厂，植被破坏，减少了将 CO_2 转化为有机物的条件。再加上地表水域逐渐缩小，降水量大大降低，减少了吸收溶解 CO_2 的条件，破坏了 CO_2 生成与转化的动态平衡，就使得大气中的 CO_2 含量逐年增加。CO_2 气体具有吸热和隔热的功能，它在大气中增多的结果是形成一种无形的玻璃罩，使太阳辐射到地球上的热量无法向外层空间发散，结果使地球表面变热。因此，CO_2 被称为温室气体。人类活动还排放其他温室气体，如氟利昂、甲烷、低空臭氧和氮氧化物等，地球上可以吸收大量 CO_2 的是海洋中的浮游生物和陆地上的森林，尤其是热带雨林。为减少大气中过多的 CO_2，一方面需要我们节约用电，少开汽车；另一方面保护好森林和海洋，不乱砍滥伐森林，不让海洋受到污染以保护浮游生物的生存。我们还可以通过植树造林、减少使用一次性方便木筷、节约纸张、不践踏草坪等行动来保护绿色植物，使它们多吸收 CO_2 以减缓温室效应。

5) 美国科学家近日发出警告，由于全球气温上升令北极冰层融化，被冰封十几万年的史前致命病毒可能会重见天日，导致全球陷入疫症恐慌，人类生命受到严重威胁。

6) 甲烷也是重要的温室气体，可以用类似的实验来证明。甲烷气体用无水醋酸钠和氢氧化钠加热制得，反应方程式为：$CH_3COONa + NaOH \xrightarrow[\Delta]{CaO} CH_4 \uparrow + Na_2CO_3$，感兴趣的学生可以试一试，比较 CO_2 与甲烷哪种气体对温室效应的贡献更大。

实验十一　饮用水氯化物的测定

氯离子（Cl^-）是水和废水中一种常见的无机阴离子。几乎所有的天然水中都有氯离子存在，它的含量范围变化很大。河流、湖泊及沼泽地区，氯离子含量一般较低，海水、盐湖及某些地下水中，氯离子含量高达数十克每升。在人类的生存活动中，氯化物有着很重要的生理作用和工业用途，如饮用水中氯离子含量达到 250 mg/L，相应的阳离子为钠时，会感到咸味。水中氯化物含量高时，会损害金属管道和建筑物，并妨碍植物的生长。

饮用水国家标准 GB/T5750-1985 中规定氯离子含量不得大于每升 250 mg。测定氯化物的方法很多，离子色谱法是目前国内外最为通用的方法，简便快捷。硝酸银滴定法和硝酸汞滴定法所需仪器设备简单适合于清洁水的测定，但硝酸汞滴定法使用了剧毒的汞盐，所以一般化学实验室普遍采用硝酸银滴定法。硝酸银滴定法的适用浓度范围是 10～500 mg/L，高于此范围的水样需稀释后测定，低于 10 mg/L 的水样，滴定终点不易掌握，应采用离子色谱法。这里再介绍另一种测定方法——佛尔哈德返滴定法，感兴趣的学生可以试一试，并比较两种方法的结果是否一样。

硝酸银滴定法

一、实验目的

1. 掌握硝酸银滴定法测定氯离子的原理和方法。
2. 掌握硝酸银滴定法的反应条件和铬酸钾指示剂的正确使用。

二、实验原理

在中性或弱碱性溶液中，以 K_2CrO_4 为指示剂，用 $AgNO_3$ 标准溶液直接滴定氯化物时，由于 AgCl 的溶解度小于 Ag_2CrO_4，所以当 AgCl 定量沉淀后，微过量的 Ag^+ 即与 CrO_4^{2-} 反应生成砖红色的 Ag_2CrO_4 沉淀，它与白色的 AgCl 沉淀混在一起，使溶液略带橙红色即为终点。沉淀滴定反应方程式为：

$$Cl^- + Ag^+ \longrightarrow AgCl \downarrow_{白色} \qquad (K_{sp,AgCl} = 1.8 \times 10^{-10})$$

$$2Ag^+ + CrO_4^{2-} \longrightarrow Ag_2CrO_4 \downarrow_{砖红色} \qquad (K_{sp,Ag_2CrO_4} = 2.0 \times 10^{-12})$$

铬酸根离子的浓度与沉淀形成的快慢有关，必须加入足量的指示剂。而且由于有稍过量的硝酸银与铬酸钾形成铬酸银沉淀的终点较难判断，所以需要用蒸馏水作空白滴定，以作对照判断，使终点色调一致。

三、仪器、药品及材料

仪器：分析天平、50 mL 棕色酸式滴定管、滴定台、250 mL 锥形瓶、洗瓶、50 mL 移液管。

药品：0.001500 mol/L $AgNO_3$ 标准溶液、5% K_2CrO_4 指示剂、酚酞指示剂、0.05 mol/L H_2SO_4 溶液、0.2% NaOH 溶液。

材料：pH 广泛试纸。

四、实验步骤

1. 取 50.00 mL 水样三份，分别置于 250 mL 锥形瓶中。另取 50.00 mL 蒸馏水作空白试验。

2. 水样 pH=6.5～10.5 时，可直接滴定。如 pH 不在此范围，应以酚酞作指示剂，用 0.05 mol/L H_2SO_4 溶液或 0.2% NaOH 溶液调节到 pH≈8.0。

3. 加入 5% K_2CrO_4 指示剂 1 mL。在不断摇动下，用 $AgNO_3$ 标准溶液滴定至溶液呈橙红色即为终点。同时进行空白滴定。根据 $AgNO_3$ 标准溶液的浓度和滴定中消耗的体积，计算水样中氯化物的含量。实验结果记录在表 3-5-1 中。

$$氯化物(Cl^-, mg/L) = \frac{(V_{AgNO_3,水样} - V_{AgNO_3,空白}) \times c_{AgNO_3} \times 35.45 \times 1000}{V}$$

式中，c_{AgNO_3} ——$AgNO_3$ 标准溶液的浓度，mol/L；

$V_{AgNO_3,水样}$ ——测定水样时消耗 $AgNO_3$ 标准溶液的体积，mL；

$V_{AgNO_3,空白}$ ——测定空白时消耗 $AgNO_3$ 标准溶液的体积，mL；

V ——取水样的体积，mL；

35.45 ——氯离子(Cl^-)摩尔质量，g/mol。

五、思考题

1. 配好的 $AgNO_3$ 溶液为什么要储于棕色瓶中并置于暗处？$AgNO_3$ 溶液应装在酸式滴定管内还是碱式滴定管内？为什么？

2. 空白测定有何意义？指示剂 K_2CrO_4 溶液浓度大小或用量多少对测定结果有何影响？

3. 硝酸银滴定法能否以 NaCl 为标准溶液直接滴定 Ag^+？为什么？

4. 硝酸银滴定法测氯时，为什么必须控制溶液的 pH=6.5～10.5？滴定时为什么要充分摇动锥形瓶？

六、注意事项

1. 本法滴定既不能在酸性溶液中进行，也不能在强碱性介质中进行。在酸性介质中 CrO_4^{2-} 按下式反应使浓度大大降低，影响等当点时 Ag_2CrO_4 沉淀的生成。

$$2CrO_4^{2-} + 2H^+ \longrightarrow 2HCrO_4^- \longrightarrow Cr_2O_7^{2-} + 2H_2O$$

在强碱性介质中 Ag^+ 将形成 Ag_2O 沉淀。其适应的 pH 为 6.5～10.5 范围内。如 pH 不在此范围，可用酚酞作指示剂，以 0.05 mol/L H_2SO_4 溶液或 0.2%NaOH 溶液调节到 pH≈8.0。有 NH_4^+ 存在时 pH 则缩小为 6.5～7.2。

2. 指示剂铬酸钾浓度影响终点到达的迟早。在 50～100 mL 被滴定液中加入 5% K_2CrO_4 指示剂 1 mL，使 CrO_4^{2-} 为 2.6×10^{-3}～5.2×10^{-3} mol/L。在滴定终点时，硝酸银加入量略过终点，误差不超过 0.1%，可用空白测定消除。

3. 实验结束后，盛装 $AgNO_3$ 的滴定管先用蒸馏水冲洗 2～3 次后再用自来水洗净，以免 AgCl 残留管内。银为贵金属，含 AgCl 的废液应回收处理。

4. 沉淀滴定中，为减少沉淀对被测 Cl^- 离子的吸附，一般滴定体积以大些为好。

5. 本法中，凡能与 Ag^+ 离子形成难溶化合物或配合物的阴离子均干扰测定，有色阳离子影响终点观察，能与 CrO_4^{2-} 形成沉淀的离子也干扰测定。但饮用水中含有的各种物质在通常的数量下均不产生干扰，所以水样预处理步骤可省去。

七、结果记录

表 3-5-1　氯化物含量测定的原始实验数据

测定次数　　项目	1	2	3
取水样体积/mL			
c_{AgNO_3}/(mol/L)			
水样消耗 $AgNO_3$ 标液体积/mL			
空白消耗 $AgNO_3$ 标液体积/mL			
氯化物/(mg/L)			
氯化物均值/(mg/L)			
相对平均偏差			

佛尔哈德法

一、实验目的

1. 掌握佛尔哈德返滴定法测定氯化物中氯含量的原理和方法。
2. 掌握 $AgNO_3$ 和 NH_4SCN 标准溶液的配制和标定。

二、实验原理

佛尔哈德法只适用于酸性溶液。在含氯离子的酸性试液中，加入一定量过量的

$AgNO_3$ 标准溶液，定量生成 $AgCl$ 沉淀后，过量的 $AgNO_3$ 以铁铵矾为指示剂，用 NH_4SCN 标准溶液回滴，过量一滴的 NH_4SCN 即与指示剂 Fe^{3+} 反应生成深红色配合物来指示滴定终点。主要包括下列沉淀反应和配位反应：

$$\underset{\text{待测}}{Cl^-} + \underset{\text{过量}}{Ag^+} \longrightarrow \underset{\text{白色}}{AgCl\downarrow} + \underset{\text{剩余量}}{Ag^+} \quad (K_{sp,AgCl} = 1.8 \times 10^{-10})$$

$$\underset{\text{剩余量}}{Ag^+} + \underset{\text{标液}}{SCN^-} \longrightarrow \underset{\text{白色}}{AgSCN\downarrow} \quad (K_{sp,AgSCN} = 1.0 \times 10^{-12})$$

$$\underset{\text{微过量}}{nSCN^-} + \underset{\text{指示剂}}{Fe^{3+}} \Longleftrightarrow \underset{\text{深红色}}{[Fe(SCN)_n]^{3-n}} \quad (n = 1 \sim 6)$$

指示剂用量大小对滴定有影响，一般 Fe^{3+} 浓度控制在 0.015 mol/L 为宜。滴定时控制氢离子浓度在 $0.1 \sim 1$ mol/L 范围，剧烈摇动溶液，并加入硝基苯（有毒）或石油醚或 1，2-二氯乙烷以保护 $AgCl$ 沉淀。使其与溶液隔开，防止 $AgCl$ 沉淀与 SCN^- 发生交换反应而消耗滴定剂。测定时能与 SCN^- 生成沉淀、配位物、或能氧化 SCN^- 的物质均有干扰，但由于酸效应的作用而不影响测定。

三、仪器、药品及材料

仪器：分析天平、台秤、烘箱、50 mL 棕色酸式滴定管、滴定台、250 mL 锥形瓶、洗瓶、500 mL 烧杯、250 mL 烧杯、50 mL 量筒、5.00 mL 吸量管、10 mL 移液管、50 mL 移液管。

药品：NaCl 基准试剂、0.0500 mol/L $AgNO_3$ 标准溶液、0.02500 mol/L NH_4SCN 标准溶液、40% 铁铵矾指示剂、5% K_2CrO_4 溶液、6 mol/L HNO_3 溶液。

材料：称量纸。

四、实验步骤

1. 0.05 mol/L $AgNO_3$ 溶液的配制与标定

配制：在台秤上称取 4.25 g $AgNO_3$ 溶于 500 mL 不含 Cl^- 离子的蒸馏水中，将溶液转入棕色细口试剂瓶中，置暗处保存，以减缓见光分解。

标定：准确称取 0.1 g（精确到 0.1 mg）左右 NaCl 基准试剂于 250 mL 锥形瓶中，加 50 mL 蒸馏水溶解后，加入 5% K_2CrO_4 指示剂 1 mL，在不断摇动下用待标定的 $AgNO_3$ 溶液滴定，至白色沉淀中出现微橙红色即为终点。平行标定 3 份，根据基准 NaCl 的质量和滴定时所消耗的 $AgNO_3$ 溶液的体积，即可计算出 $AgNO_3$ 标准溶液的准确浓度。

$$c_{AgNO_3}(\text{mol/L}) = \frac{m_{NaCl}}{58.5 \times V_{AgNO_3} \times 10^{-3}}$$

式中，m_{NaCl} ——称取基准 NaCl 的质量，g；

　　　V_{AgNO_3} ——标定时消耗 $AgNO_3$ 溶液的体积，mL。

2. 0.025 mol/L NH_4SCN 的配制与标定

配制：称 0.285 g NH_4SCN 于 250 mL 的烧杯中，加水稀释到 150 mL，待标定。

标定：准确地吸取上述 0.0500 mol/L $AgNO_3$ 标准溶液 10.00 mL 于 250 mL 锥形

瓶中，加 50 mL 蒸馏水、6 mol/L HNO_3 溶液 5 mL 和 40％铁铵矾指示剂 1 mL，然后用待标定的 NH_4SCN 标准溶液滴定至溶液呈淡红棕色在摇动后也不消失为止（由于 AgSCN 会吸附 Ag^+，所以滴定时要剧烈振荡溶液，直到淡红棕色稳定不变即为终点）。平行标定 3 份，计算 NH_4SCN 溶液的准确浓度。

$$c_{NH_4SCN}(mol/L) = \frac{10.00 \times 0.0500}{V_{NH_4SCN}}$$

式中，V_{NH_4SCN}——标定时消耗 NH_4SCN 溶液的体积，mL。

3. 水样中氯离子含量的测定

用移液管准确地移取 50.00 mL 水样于 250 mL 锥形瓶中，加 6 mol/L HNO_3 溶液 5 mL。在不断摇动下，准确加入 0.0500 mol/L $AgNO_3$ 标准溶液 10.00 mL。然后加入 2 mL 石油醚，用橡皮塞塞住瓶口，剧烈振荡 30 秒，使 AgCl 沉淀进入石油醚层而与溶液隔开。再加入 2 mL 铁铵矾指示剂，用 NH_4SCN 标准溶液滴定至溶液呈淡红棕色经轻轻摇动后也不消失即为终点。平行测定 3 份，计算水样中氯离子的含量。

$$氯化物(Cl^-, mg/L) = \frac{(c_{AgNO_3} \times V_{AgNO_3} - c_{NH_4SCN} \times V_{NH_4SCN}) \times 35.45 \times 1000}{V_{试}}$$

式中，c_{AgNO_3} ——$AgNO_3$ 标准溶液的浓度，mol/L；

V_{AgNO_3} ——加入 $AgNO_3$ 标准溶液的体积，mL；

c_{NH_4SCN} ——NH_4SCN 标准溶液的浓度，mol/L；

V_{NH_4SCN} ——测定水样时消耗 NH_4SCN 标准溶液的体积，mL；

$V_{试}$ ——取水样体积，mL。

以上实验结果均记录在表 3-5-2 中。

五、思考题

1. 佛尔哈德法测氯时，为什么要加入硝基苯或石油醚或 1，2-二氯乙烷？

2. 试讨论酸度对佛尔哈德法测定氯离子含量的影响。

3. 本实验为什么要用硝酸来控制酸度？能否用 HCl 或 H_2SO_4 溶液？为什么？

六、注意事项

1. 使用 $AgNO_3$ 不要与皮肤接触，否则由于有机物的还原作用，$AgNO_3$ 在热的皮肤上变黑。

2. 废液倒入废液桶。

3. 因 AgCl 和 AgSCN 沉淀都易吸附 Ag^+，故在终点前需剧烈振摇，以减少 Ag^+ 吸附量，避免终点过早出现。但要注意，近终点时则要轻轻地摇，因为 AgSCN 沉淀的溶解度比 AgCl 小，剧烈的摇动易使 AgCl 转化为 AgSCN，引入较大的误差。

4. 6 mol/L HNO_3 溶液若含有氮的低价氧化物时呈黄色，应煮沸去除氮氧化物。

5. 测 Cl^- 含量加入 $AgNO_3$ 溶液，生成白色 $AgCl$ 沉淀，接近计量点时，$AgCl$ 沉淀要凝聚，振荡溶液，再让其静置片刻，使沉淀沉降，再在清液层滴 1~2 滴 $AgNO_3$，如不生成沉淀，说明 $AgNO_3$ 已过量，这时，再适当过量 5 mL $AgNO_3$ 溶液即可。

6. 基准 NaCl 要经 250~350℃ 加热处理，以除去其中的水分。如用未经处理的 NaCl 来标定 $AgNO_3$ 溶液，会使 $AgNO_3$ 溶液的浓度偏低。

七、结果记录

表 3-5-2　佛尔哈德法测定氯含量的原始实验数据

测定次数 项目	1	2	3
称取基准 NaCl 的质量/g			
标定 $AgNO_3$ 时消耗 $AgNO_3$ 体积/mL			
c_{AgNO_3} /(mol/L)			
$\bar{c}_{AgNO_3}$ /(mol/L)			
相对平均偏差			
标定 NH_4SCN 时消耗 NH_4SCN 体积/mL			
c_{NH_4SCH} /(mol/L)			
$\bar{c}_{NH_4SCH}$ /(mol/L)			
相对平均偏差			
测定 Cl^- 时消耗 NH_4SCN 标液体积/mL			
取水样体积/mL			
氯化物/(mg/L)			
氯化物均值/(mg/L)			
相对平均偏差			

实验十二　　家庭装修室内空气中甲醛含量的测定

甲醛是具有强烈刺激性臭味的无色可燃液体，易溶于水、醇和醚。常温下是一种挥发性很强的有毒物质，通常以水溶液形式出现。35％～40％的甲醛水溶液被称为"福尔马林"。甲醛的还原性很强，易与多种物质结合，且易于聚合。甲醛污染主要来源于有机合成、化工、合成纤维、燃料、木材加工和制漆等行业。

随着家庭装修的普及，人们越来越意识到装修材料对人体的危害，也越来越关心危害物的危害程度。甲醛是装修材料释放出的各种污染物中危害最大、最长久的有害气体，它刺激人的呼吸道和皮肤黏膜，进入人体会对人的中枢神经系统和视网膜造成损害。长期作用会危害人体血液系统和肝、肾等器官，使人体的免疫力下降，并有可能导致胎儿畸形，是世界卫生组织确定的致癌和致畸形物质，是公认的变态反应源，也是潜在的强致突变物之一。甲醛广泛存在于各种人造板材和黏合剂（木工胶）中，它的释放是长期缓慢的，而且在室温下很难分解。新装修的房屋九成以上甲醛含量均超标，其主要来源于各类木板、家具以及油漆等装饰材料。甲醛是健康的一大杀手，在我国有毒化学品控制名单上高居第二位，因此准确检测室内空气中甲醛含量对人体健康有着非常重要的意义。

一、实验目的

1. 掌握环境空气和室内空气中甲醛的测定方法——乙酰丙酮分光光度法。
2. 了解本方法的最低检出浓度为 $0.008 \ mg/m^3$，测定上限为 $800 \ mg/m^3$。

二、实验原理

甲醛气体经水吸收后，在 pH＝6 的乙酸-乙酸铵缓冲溶液中，与乙酰丙酮作用，在沸水浴条件下迅速生成稳定的黄色化合物，在波长 413 nm 处比色测定该黄色化合物的吸光度。

三、仪器、药品及材料

仪器：250 mL 碘量瓶、20 mL 移液管、50 mL 移液管、滴定台、酸式滴定管、721型分光光度计、恒温水浴、0.2～1.0 L/min 的空气采样器、50 mL 或 125 mL 多孔玻璃板吸收瓶、气压表、10 mL 比色管、10.0 mL 刻度吸管、5.0 mL 刻度吸管、2.0 mL 刻度吸管、50 mL 容量瓶、洗耳球、洗瓶、缓冲瓶。

药品：甲醛、0.05 mol/L 碘液、6 mol/L NaOH 溶液、2 mol/L H_2SO_4 溶液、0.0500 mol/L $Na_2S_2O_3$ 标准溶液、淀粉指示剂、吸收液（不含有机物的重蒸馏水）、1.0 mg/mL 甲醛标准储备液、5.0 μg/mL 甲醛标准使用液（临用前用吸收液将储备液稀释 200 倍，最好稀释两次由储备液→中间液→使用液）。

乙酰丙酮溶液：称 25 g 乙酸铵，加少量水溶解，加 3 mL 冰乙酸和 0.25 mL 新蒸馏的乙酰丙酮，混匀后再用水稀释至 100 mL，调整 pH＝6.0（该溶液可在冰箱中稳定储存一个月）。

材料：擦镜纸、1 cm 比色皿。

四、实验步骤

1. 甲醛标准储备液的配制与标定

吸取 2.8 mL 甲醛溶液（内含甲醛 36%～38%），用水稀释至 1000 mL，摇匀。此溶液每毫升约含 1 mg 甲醛。该配制好的溶液置冰箱 4℃内可保存半年。

吸取 20.00 mL 甲醛标准储备液于 250 mL 碘量瓶中，加 0.05 mol/L 碘液 50.0 mL 和 6 mol/L NaOH 溶液 2.5 mL，混匀暗处放置 15 min。加 2 mol/L H_2SO_4 溶液 5.0 mL，混匀暗处再放置 15 min。以 0.0500 mol/L $Na_2S_2O_3$ 标准溶液进行滴定，滴定至溶液呈淡黄色时，加 1 mL 淀粉指示剂，继续滴定至溶液蓝色刚好褪去，记录用量 V。

同时，另取 20.00 mL 蒸馏水代替甲醛储备液按上述步骤进行空白实验，记下 $Na_2S_2O_3$ 标准溶液用量 V_0。甲醛标准储备液的浓度：

$$甲醛(HCHO, mg/L) = \frac{(V_0 - V) \times c \times 15 \times 1000}{20.00}$$

式中，V_0 ——空白实验消耗 $Na_2S_2O_3$ 标准溶液的体积，mL；

V ——标定甲醛储备液消耗 $Na_2S_2O_3$ 标准溶液的体积，mL；

c ——$Na_2S_2O_3$ 标准溶液的浓度，mol/L；

15 ——甲醛（1/2 HCHO）的摩尔质量，g/mol。

2. 气体样品的采集

（1）用 50 mL 多孔玻璃板吸收瓶采样就装 20 mL 吸收液；用 125 mL 多孔玻璃板吸收瓶采样就装 50 mL 吸收液。

（2）采样系统由缓冲瓶、多孔玻璃板吸收瓶和空气采样器串联组成。根据具体情况以 0.5～1.0 L/min 的流量采样，采样时间 10～30 min，得气体的采样体积。

（3）记录采样时的气温和气压。实验数据均记录在表 3-6-1 中。

（4）用下面公式将气体的采样体积换算成标准状态下的采样体积。

$$\frac{P_{采样}}{V_{采样} \cdot T_{采样}} = \frac{P_{标准}}{V_{标准} \cdot T_{标准}}$$

$$V_{标准} = \frac{P_{标准} \cdot V_{采样} \cdot T_{采样}}{P_{采样} \cdot T_{标准}}$$

式中，$P_{采样}$ ——采样时由气压表上读取的大气压，kPa；

$T_{采样}$ ——采样时的热力学温度，由气压表上读取的气温＋273.15，K；

$V_{采样}$ ——采样体积，L；

$P_{标准}$ ——标准大气压，101.325kPa；

$T_{标准}$ ——标准状态下的热力学温度，273.15K。

3. 标准曲线的绘制

取 7 支 10 mL 比色管，分别加入 0.00、0.40、1.00、2.00、4.00、6.00、

8.00 mL甲醛标准使用液，用吸收液定容至刻度。加入 2.0 mL 显色剂乙酰丙酮溶液，摇匀。于沸水浴中加热 3 min，取出冷却至室温。用 1 cm 比色皿，在波长 413 nm 处，以吸收液为参比测定吸光度。在扣除零浓度（试剂空白）管的吸光度后，以校准吸光度为纵坐标，甲醛含量为横坐标，绘制标准曲线。或用最小二乘法计算回归方程，回归方程的相关系数 r 应达到 0.999 以上。实验结果记录在表 3-6-2 中。

4. 样品测定

将采样吸收后的样品溶液移入 50 mL 容量瓶中，用吸收液定容至刻度。

取 10.0 mL 试样于 10 mL 比色管中（含甲醛在 40 μg 以内，否则要稀释）。以下按绘制标准曲线的步骤进行显色和吸光度测定。

用现场未采样的空白吸收瓶的吸收液按上述相同步骤进行空白实验。减去空白实验所测得的吸光度后，从标准曲线上查出甲醛含量。样品中的甲醛含量χ计算如下：

$$\chi(\mu g) = m \times \frac{V_1}{V_2}$$

式中，m——从标准曲线上查得的甲醛含量，μg；

V_1——定容体积，50 mL；

V_2——测定时取样体积，如 10 mL。

环境空气和室内空气中甲醛浓度计算如下：

$$甲醛浓度(mg/m^3) = \frac{\chi}{V_{标准}}$$

式中，$V_{标准}$——标准状态（0℃，101.325kPa）下所采气体体积，L。

五、思考题

1. 哪些企业排放甲醛废气？
2. 怎样制取不含有机物的重蒸馏水？
3. 实验中用乙酸-乙酸铵缓冲溶液调节溶液的 pH＝6.0，能否改为乙酸-乙酸钠缓冲溶液？
4. 人遭到甲醛毒害后会有哪些反应？

六、注意事项

1. 显色剂最好现用现配，一般空白吸光度在 0.005 左右，显色剂放置时间长了空白值就会偏高。
2. 做试剂空白实验是为了消除乙酰丙酮本身的颜色。
3. 多孔玻璃板气泡吸收瓶使用前要校正，采样流量 0.5 L/min 时，阻力为（6.7±0.7）kPa，单管吸收效率要大于 99％。
4. 样品采完后应储存在冰箱中，2 天内分析完毕，以防止甲醛被氧化。
5. 日光照射也能使甲醛氧化，因此要用棕色吸收瓶，样品在运输和储存时都应避光。

七、结果记录

表 3-6-1　室内空气中甲醛测定的原始实验数据

项目	数据记录
大气采样流量/(L/mim)	
采样时间/min	
采样体积/L	
采样时的气温/℃	
采样时的热力学温度/K	
采样时的大气压/kPa	
标准大气压/kPa	
标准状态下的热力学温度/K	
标准状态下的采样体积/L	
由标准曲线查得的甲醛含量/μg	
定容体积/mL	
测定时取样体积/mL	
甲醛浓度/(mg/m³)	

表 3-6-2　标准曲线的原始实验数据

5.0 μg/mL 甲醛标准使用液/mL	甲醛/μg	吸光度值	减空白后吸光度值
0.00	0		
0.40	2.0		
1.00	5.0		
2.00	10.0		
4.00	20.0		
6.00	30.0		
8.00	40.0		
回归方程		相关系数 r	

【知识拓展】

1) 2002 年 7 月 1 日开始执行的国家标准《室内装饰装修材料人造板及其制品中甲醛释放限量》第五章规定，室内装饰装修材料人造板及其制品中甲醛释放限量值 5 mg/L为强制性条款，市场上停止销售不符合国家标准的产品。

2) 中华人民共和国国家标准《居室空气中甲醛的卫生标准》规定：居室空气中甲醛的最高容许浓度为 0.08 mg/m³。根据国家强制性标准，关闭门窗 1 小时后，每立方米室内空气中，甲醛释放量不得大于 0.08 mg；如达到 0.1～2.0 mg，50%的正常人能闻到臭气；达到 2.0～5.0 mg，眼睛、气管将受到强烈刺激，出现打喷嚏、咳嗽等症状；达到 10 mg 以上，呼吸困难；达到 50 mg 以上，会引发肺炎等危重疾病，甚至导致死亡。如果用户的装修是合理的、环保的，并在常通风换气的条件下，室内甲醛一般能在 20 天左右下降至允许水平。

3) 家居建材甲醛含量超标事件频繁被曝光，绿色环保装修装饰概念更加深入人心，甲醛也随之成为最受关注的问题之一。虽然不能肯定白血病是由于家庭装修所致，但在同样环境中，自身抑癌基因有缺陷，也就是常说的缺乏自身免疫力的儿童，在居室环境污染的刺激下，则是导致白血病的一个诱因。所以室内的甲醛如不及时清除，将会对人体产生很大的危害，特别是小孩和老人等弱势群体。现在家装市场销售的许多治理甲醛的产品虽然打着高科技、环保等旗号，但不少用的却是一些低劣的合成物质，这些产品虽然能在一定程度上消除甲醛，但也可能重新产生其他污染，导致二次污染，因此应慎重购买。

4) 甲醛和家装的关系：甲醛可以和尿素制成脲醛树脂，这种树脂胶能把纸屑、木屑、刨花碎屑等下脚料甚至是垃圾碎末黏合起来，制成刨花板、密度板、细木工板、纤维板、复合木地板等人造板即胶合板。这种胶成本低、黏合强度高，所以使用非常广泛，目前市面上 90%以上的各种木质人造板材就是由这种胶黏合而成的。只要板材存在一天，甲醛就会源源不断地"供应"。那么有没有可替代甲醛的环保材料呢？据报道，我国已经研制出了不含甲醛的环保型脲醛树脂，但至今还没有大量投产，主要原因就是价格昂贵，价格阻碍了替代甲醛环保原料的进程。实际上不含甲醛的实木家具几乎不存在，因为只要家具的主体结构使用了实木，即便门板和侧板不使用实木也同样称为实木家具，这样的家具由于使用了合成板材，就必定存在一定含量的甲醛。即使是纯实木家具，油漆里还含有甲醛，关键是看其含量是否在国家规定的标准范围内。

第四章 化学与健康

实验十三 检验吸烟

吸烟的害处很多，它不但吞噬吸烟者的健康和生命，还会污染空气，危害他人，应予禁绝。我们通常采用烟焦油和一氧化碳评价烟草中有害物质的含量，要求每支烟产生的烟焦油在 15 mg 以下，市场上的烟实测超过数倍。如果按一天吸烟 20 支，其中四分之一吸入体内计算，吸烟者每天吸入的烟焦油量约为 120～200 mg。烟焦油中有害物质的联合作用是人类癌症的一大威胁，当吸入的量达到一定水平就是致癌的引发剂、促癌剂和协同致癌剂，加速致癌。

吸烟是肺癌的重要致病因素之一，特别是鳞状上皮细胞癌和小细胞未分化癌。吸烟是许多心、脑血管疾病的主要危险因素，吸烟者的冠心病、高血压病、脑血管病及周围血管病的发病率均明显升高。吸烟是慢性支气管炎、肺气肿和慢性气道阻塞的主要诱因之一。吸烟可引起胃酸分泌增加，一般比不吸烟者增加 91.5%，并能抑制胰腺分泌碳酸氢钠，致使十二指肠酸负荷增加，诱发溃疡。吸烟对妇女的危害更甚于男性，吸烟妇女可引起月经紊乱、受孕困难、宫外孕、雌激素低下、骨质疏松以及更年期提前。被动吸烟者所吸入的有害物质浓度并不比吸烟者少，吸烟者吐出的冷烟雾中，烟焦油含量比吸烟者吸入的热烟雾中多 1 倍，苯并芘含量多 2 倍，一氧化碳含量多 4 倍。

一、实验目的

1. 认识吸烟对身体健康的危害。
2. 学会检验吸烟的方法。

二、实验原理

吸烟者唾液中会有少量硫氰酸盐，硫氰酸根与 Fe^{3+} 结合呈现血红色，其反应化学方程式为：

$$nSCN^- + Fe^{3+} \rightleftharpoons [Fe(SCN)_n]^{3-n} (n = 1 \sim 6)$$
$$\text{血红色}$$

烟气中有许多强还原性物质，如氨、挥发性 N-亚硝胺、醇醛、烟草生物碱、芳香族胺、链烯、酚和丙烯醛等。这些物质能将高锰酸钾还原，使溶液褪色。同样，在香烟的过滤嘴中也残留了很多还原性物质，也能够还原高锰酸钾，使溶液褪色。

三、仪器、药品及材料

仪器：50 mL 烧杯、玻璃棒、试管、试管架、滴管。

药品：2 mol/L HCl 溶液、1 mol/L FeCl$_3$ 溶液、0.01 mol/L KMnO$_4$ 溶液、2 mol/L H$_2$SO$_4$ 溶液。

材料：香烟、纯净水、塑料吸管。

四、实验步骤

1. 方法 A：试验者含一口约 20 mL 纯净水，漱口后吐进一只 50 mL 小烧杯中，往烧杯中滴入 2 滴 2 mol/L HCl 溶液酸化，再加数滴 1 mol/L FeCl$_3$ 溶液，用玻璃棒搅拌。若小烧杯中溶液变为浅红色，说明试验者吸过烟。

2. 方法 B：取一支试管，加入 2 mL 0.01 mol/L KMnO$_4$ 溶液和 2 滴 2 mol/L H$_2$SO$_4$ 溶液，振荡混匀。试验者吸一大口烟，然后用一支塑料吸管插入试管底部吹气，观察现象。

A、B 实验可进行吸烟与不吸烟的比较。

3. 取吸完烟的过滤嘴于 50 mL 烧杯中，用 20 mL 水浸泡。取 2 mL 浸泡液于试管中，滴入 2 滴 2 mol/L H$_2$SO$_4$ 溶液和 1 mL 0.01 mol/L KMnO$_4$ 溶液，振荡试管，观察现象。

以上实验现象均填入表 4-1 中。

五、思考题

1. 什么叫被动吸烟？被动吸烟对妇女有哪些危害？

2. 根据所学的理论知识和查询的有关资料，请你谈谈吸烟对肺部疾病、心血管疾病和吸烟致癌的影响。

六、注意事项

1. 试验者吸烟时应在实验室门外。用水浸泡过的烟嘴不能倒入水池。

2. 用过的烧杯和试管必须刷干净才能离开实验室。

七、结果记录

表 4-1　检验吸烟

实验内容	现象	结论和解释
方法 A		
方法 B		
吸烟与不吸烟比较		
过滤嘴中残留还原性物质检验		

【知识拓展】

1）吸烟危害健康已是众所周知的事实。不同的香烟点燃时所释放的化学物质有所不同，主要以焦油和一氧化碳等化学物质为主。香烟点燃后产生对人体有害的物质大致分为六大类：①醛类、氮化物、烯烃类，这些物质对呼吸道有刺激作用。②尼古丁类，可刺激交感神经，引起血管内膜损害。③胺类、氰化物和重金属，这些均属毒性物质。④苯并芘、砷、镉、甲基肼、氨基酚、其他放射性物质，这些物质均有致癌作用。⑤酚类化合物和甲醛等，这些物质具有加速癌变的作用。⑥一氧化碳能减低红细胞将氧输送到全身去的能力。

2）吸烟者患肺癌的危险性是不吸烟者的 13 倍，如果每日吸烟在 35 支以上的吸烟者，则其患肺癌的危险性比不吸烟者高 45 倍。吸烟者肺癌死亡率比不吸烟者高 10～13 倍，肺癌死亡人数中约 85％ 由吸烟造成。吸烟者如同时接触化学性致癌物质，如石棉、镍、铀和砷等，则发生肺癌的危险性将更高。

3）据报道，一位 41 岁男性，在连续吸烟 20 支后，发生急性心肌梗死导致死亡。国外也有研究发现，吸 1 支烟可减寿 12 分钟。

实验十四　检验喝酒

酒后驾车是导致道路交通事故的重要因素之一。人体酒精含量检测是交通执法工作的重点和难点之一，科学、准确的检测对交通执法质量至关重要。交管部门路面交通执法一般采用呼气式酒精检测仪，目前采用 S 型、D 型、K 型和 J 型四种仪器检测。对呼气检测结果有争议或者发生交通事故的，采用顶空气相色谱仪进行血液酒精含量检测。唾液酒精定性（半定量）检测采用唾液酒精检测试纸，唾液酒精定量检测采用顶空气相色谱分析仪。

无论哪种型号的酒精测试仪其测试原理基本相同，均由一个吹口、一根管子和一个可通过气体的腔组成。接受测试的人只要深深地往吹口里呼一口气，十几秒后，就能显示出受测者血液中酒精浓度。因呼吸中的酒精浓度和血液中酒精浓度呈一定比例关系。当人饮酒时，酒精被吸收，但并不被消化，一部分酒精挥发出去，经过肺泡，重新被人呼出体外。经测定呼出气体中的酒精浓度和血液中酒精浓度的比例是 2100：1，即每 2100 mL 呼出气体中所含的酒精，和 1 mL 血液中所含的酒精在量上是相等的。通过这个比例，交警通过测定驾驶者的呼气，很快地计算出受测者血液中的酒精含量。如果没有酒精测试仪的"帮忙"，交警就只能通过血检或尿检的方式来测定驾驶者是否酒驾，但该检查工作需 1～2 天的时间。

一、实验目的

1. 掌握检验喝酒的仪器法和化学法。
2. 认识酒驾的危害。

二、实验原理

　　呼气式酒精测试仪中有电化学传感器，当呼气样品的酒精分子通过传感器时，酒精转化成乙醛，由于释放电子引起了传感器电流的变化，微处理器根据测定到的传感器电流变化程度，从而快速准确地测量呼气中的酒精含量，并换算成血液中酒精含量值。

　　各种酒都含有一定量的酒精（乙醇），在酸性条件下，乙醇可将重铬酸钾还原，使颜色发生变化，反应化学方程式为：

$$3C_2H_5OH + 2K_2Cr_2O_7 + 8H_2SO_4 \Longrightarrow 3CH_3COOH + 2K_2SO_4 + 2Cr_2(SO_4)_3 + 11H_2O$$

　　　　　　　　橙红色　　　　　　　　　　　　　　　　　　　　　　　　　绿色

三、仪器、药品及材料

　　仪器：呼气式酒精测试仪、试管、试管架、洗瓶。
　　药品：酒、2 mol/L H_2SO_4 溶液、0.1 mol/L $K_2Cr_2O_7$ 溶液。
　　材料：塑料吸管。

四、实验步骤

　　1. 仪器检测：打开呼气式酒精测试仪开关，等提示可测试后，被测试者口含吹气管，向呼气式酒精测试仪的吹气管连续呼气，至测试仪提示终止后完毕。呼气式酒精测试仪自动显示相当于血液中的酒精含量。

　　2. 化学方法检测：在试管内加入 2 mL 蒸馏水、2 滴 2 mol/L H_2SO_4 溶液和 2 滴 0.1 mol/L $K_2Cr_2O_7$ 溶液，振荡混匀。试验者用一根塑料吸管插入试管中溶液底部，徐徐吹气，若刚饮过酒的人吹气，溶液会由橙红色变为绿色，而且饮酒量越多，颜色变化得越快。

　　以上实验结果均填入表 4-2 中。

五、思考题

　　1. 酒驾执法中，亟待解决的问题：
　　（1）呼气酒精检测值与血液酒精检测值是否一致。
　　（2）呼气式酒精检测仪的可靠性。
　　（3）利用血液酒精清除率推算"逃酒者"的血液酒精含量。
　　（4）饮酒量的推算。
　　（5）能否利用唾液进行人体酒精含量检测。
　　2. 饮酒对身体有哪些益处和害处？
　　3. 为什么适量饮酒可以减少冠心病和动脉粥样硬化发病率？

六、注意事项

　　1. $K_2Cr_2O_7$ 剧毒，用吸管向 $K_2Cr_2O_7$ 溶液中徐徐吹气时，千万不能吸入嘴里，吹完气必须及时漱口。

2. 塑料吸管每人一根，不能混用，吹完气即扔掉。

七、结果记录

表 4-2　检验喝酒的实验结果

实验内容	仪器法	化学法
结果或现象		
结论和解释		

【知识拓展】

1) 目前国际公认的酒后驾车的限定有两种，一种是"酒后驾车"，一种是"酒醉驾车"。我国 2003 年规定，当驾驶者每毫升血液中酒精含量大于或等于 0.2 mg 时，就会被交警认定为"酒后驾车"；大于或等于 0.8 mg 时，则会被认定为"醉酒驾车"。这两者都算违规驾驶，而并不是说一定要等到驾驶者已醉到意识模糊的程度，才算触犯了交通法规。

2) 虽然酒精测试仪原理相同，但如何量化呼吸中酒精含量，不同的测试仪有着完全不同的方法。目前，市面上常用的酒精测试仪，按照不同测试方式，大致可分为三类。Breathalyzer 是一种利用化学反应剂来测定呼出气体中酒精浓度的测试仪，这台测试仪成了世界上第一台酒精测试工具。直到今天，它仍是世界上使用频率最高的酒精测试仪。除了一般测试仪都有的构件外，Breathalyzer 还配有两只装着化学混合剂的玻璃瓶。当受测者的呼气通过这些玻璃瓶时，如果气体中含有酒精，瓶中的混合剂会从橙色变成绿色，而化学反应产生的电阻也会令指针移动，精确标示出呼气中酒精的浓度，并通过微电脑将其换算成血液酒精的浓度。另外两种测试仪分别是 Intoxilyzer 和 Alcosensor Ⅲ 或Ⅳ，前者通过酒精分子吸收红外线的程度，来确定酒精的含量。后者则通过带有正负电极的燃料电池来完成测试工作，这种电极由铂金属制成，当含有酒精的气体进入燃料电池时，会和铂发生反应，产生电流生成读数。

3) 20 世纪 80 年代末期的研究认为，少量喝酒，尤其是低度酒，对心脏具有保护作用。因而美国心脏病协会推荐，冠心病患者即使患有心肌梗死，也可饮低度酒，饮酒量以 1 天不超过 50 g 为宜。

4) 喝酒对人体的伤害是全面的，尤其空腹喝酒摧残更大。①喝酒直接伤肝，酒精肝、肝炎和肝硬化，肝脏受伤后，视力必然下降，身体解毒能力也下降，造成免疫力下降，容易感染其他病和肿瘤。②喝酒伤胃，消化不好，体质就差，也容易感染其他病。③喝酒还会伤害心脏、脾脏和胰腺，容易引起高血压、心血管病、中风和胰腺炎。④喝酒会伤肾，造成前列腺炎，影响性功能。⑤喝酒伤神经，经常酗酒的人会产生对酒的依赖性，脾气变得暴躁、不安。⑥喝酒伤害容貌，经常喝酒的人容貌枯槁、憔悴，皮肤也容易衰老。

实验十五　食醋中总酸量的测定

食醋是调味品，由含淀粉、糖类较多的物质经发酵而成。它能促进食物消化吸收和增进食欲，食醋中所含酸的种类很多，主要是醋酸、还有乳酸、酒石酸和柠檬酸等。

2006 年中国食醋市场研究预测，调味品行业对醋酸的需求量大大增加，市场上的"醋酸大战"硝烟弥漫，食品添加剂醋酸的质量合格与否直接关系到人们身体健康。工商部门抽查市场上各种品牌的食醋，有 60% 左右不合格。食醋价格的差异是由其质量决定的，食醋中的含酸总量（以醋酸计算）是质量好坏的主要指标，国家规定总酸量不得低于 3.5 g/L。

一、实验目的

1. 掌握食醋中总酸量测定的原理、方法和操作步骤。
2. 掌握强碱滴定弱酸的原理及指示剂的选择。

二、实验原理

食醋中主要成分是 HAc，此外还有少量的其他弱酸，如乳酸等。用 NaOH 滴定时，只要 $K_a \cdot c > 10^{-8}$ 的一元弱酸都可被准确滴定，所以测得的是总酸量，习惯上用 HAc(g)/100 mL 来表示。反应方程式为：

$$HAc + NaOH =\!=\!= NaAc + H_2O$$

化学计量点时反应产物是 NaAc，pH $\approx$ 8.7，因此选酚酞作指示剂。

三、仪器、药品及材料

仪器：碱式滴定管、10 mL 移液管、25 mL 移液管、100 mL 容量瓶、250 mL 锥形瓶。

药品：0.1000 mol/L NaOH 标准溶液、0.1% 酚酞指示剂、去 CO_2 的蒸馏水。

材料：白醋。

四、实验步骤

1. 用移液管准确移取白醋样品 10.00 mL 于 100 mL 容量瓶中，用去 CO_2 的蒸馏水定容至刻度。

2. 移取定容后的试样溶液 25.00 mL 于 250 mL 锥形瓶，加 1～2 滴酚酞指示剂，用 NaOH 标准溶液滴定至溶液呈微红色，并保持半分钟内不褪色即为终点，记下所消耗 NaOH 标准溶液的体积，平行测定 3 次，计算白醋中的总酸量。结果记录在

表 4-3 中。

$$HAc(g/100\ mL) = \frac{c_{NaOH} \times V_{NaOH} \times M_{HAc} \times 10^{-3}}{25 \times \frac{10}{100}} \times 100$$

式中，c_{NaOH}——NaOH 标准溶液的浓度，mol/L；

　　　V_{NaOH}——滴定时消耗 NaOH 标准溶液的体积，mL；

　　　M_{HAc}——醋酸的摩尔质量，g/mol。

五、思考题

1. 实验中为什么用白醋？若用陈醋要做什么处理？
2. 为什么要把醋稀释 10 倍？是不是越稀越好？应稀释多少倍才合理呢？
3. 食醋中总酸量是如何表示和计算的？
4. 用 NaOH 标准溶液测定食醋中总酸量时，下列情况会对测定结果有什么影响？
　(1) 碱式滴定管水洗后未用碱标准溶液润洗。
　(2) 锥形瓶水洗后用待测液润洗。
　(3) 滴定前俯视碱式滴定管，滴定后平视。
　(4) 滴定前仰视碱式滴定管，滴定后俯视。
　(5) 滴定前碱式滴定管尖嘴部分有气泡，滴定结束后气泡消失。
　(6) 滴定结束，滴定管尖端挂一滴液体未滴下。
　(7) 滴定过程中，振荡锥形瓶时，不小心将溶液溅出。
　(8) 用酚酞作指示剂，滴定终点颜色不足半分钟后褪去，不处理就读数计算。
5. 食醋标签上所注总酸量均为不少于一定质量，如你的结果低于标签所注请分析原因。

六、注意事项

1. 滴定振荡中，锥形瓶内壁上可能沾有食醋或 NaOH 溶液，没有完全反应。方法是用洗瓶中的蒸馏水冲洗。已达到滴定终点的溶液，由于空气中 CO_2 影响，放久后仍会褪色，这并不是中和反应没有完全。

2. 最好选用白醋，达到滴定终点时颜色变化明显，实验效果比较好。为便于计算，一般将食醋稀释 10 倍。使用米醋要用活性炭脱色，脱色时，在稀释后的试样中加入少量的活性炭，振荡约 4～5 分钟后过滤。如果试样颜色仍然较深，需重复上述操作 2～3 次，使用陈醋时经过 3 次脱色后，颜色仍然很深，可以棕红色作为滴定终点判断颜色。

3. 实验原始数据 NaOH 消耗的体积最大值和最小值之差应小于 0.20 mL。最后得到的食醋总酸度的最大值和最小值之差应小于 0.1 g/100 mL。

4. 酸碱滴定中 CO_2 的影响有时不能忽略，终点时 pH 越低，CO_2 影响越小，通常 pH<5 时的影响可忽略。如用甲基橙作指示剂，终点 pH≈4，CO_2 基本上不被滴定。用酚酞作指示剂，终点 pH≈9，CO_3^{2-} 被碱标准溶液中和成 CO_2（空气中溶解的 CO_2 形成 CO_3^{2-}），所以为消除 CO_2 对实验的影响，稀释食醋和配制 NaOH 溶液所用的蒸馏水

都要先加热煮沸 2～3 分钟,以尽可能去除溶解的 CO_2,因碳酸也会消耗一定量的 NaOH 溶液,产生误差。

七、结果记录

表 4-3 食醋中总酸量测定的原始实验数据

测定次数 项目	1	2	3
取白醋样品的体积/mL			
白醋样品定容的体积/mL			
取定容后稀释白醋的体积/mL			
$c_{NaOH}/(mol/L)$			
NaOH 标液终读数/mL			
NaOH 标液初读数/mL			
V_{NaOH}/mL			
HAc/(g/100 mL)			
总酸量均值			
相对平均偏差			

【知识拓展】

1) 食醋的主要成分是醋酸,化学名称是乙酸。酿醋主要以粮食为原料,经过糖化、酒精发酵、醋酸发酵及后续消毒灭菌、加工包装而成,具有色香味俱佳的特点,经分析含有丰富的营养成分。①蛋白质和氨基酸:食醋中含有 0.05%～3.0%蛋白质,氨基酸有 18 种,其中包括人体必需的 8 种氨基酸。②碳水化合物:食醋中的糖类如葡萄糖、麦芽糖、果糖和蔗糖等较多,这些成分对食醋的浓度及柔和感有着十分重要的调节作用,也有保健功能。③有机酸:食醋中的醋酸含量最多,它可促进血液中抗体的增加,提高人体免疫力,有很好的杀菌和抑菌作用。除此之外还有乳酸、甲酸、柠檬酸、苹果酸和琥珀酸等,这些物质能促进机体的新陈代谢和细胞内的氧化还原作用。④维生素和矿物质:酿造食醋中还含有维生素 B_1、维生素 B_2 等维生素以及矿物质中的铁、钠、钙、锌、磷、铜等离子,特别是醋酸钙可缓和醋酸作用,对调味酱、醋渍菜、蛋黄酱、鱼糕、香肠、年糕、面包等有调味作用,这些离子的恰当配合对人体营养、降低血压、防止衰老等十分必需且有益。⑤香气成分：食醋的芳香成分虽然含量极少，但醋酸乙酯、乙醇、乙醛等赋予食醋特殊的芳香及风味。醋中的挥发性物质及香味物质能刺激大脑中枢，使消化液大量分泌，改善消化功能。

2）食醋有哪些作用？①杀菌，防感冒。流行性病毒感冒多发季节熬一些醋，来预防感冒。②软化血管，对身体有好处，但要适量，太多的话对我们的骨骼会有影响。③消除疲劳，工作了一天很劳累，尤其是司机师傅们，他们的脚太辛苦了，可以在睡觉之前用醋泡脚，然后睡个好觉。④早上洗脸的时候，滴入适量的醋，可以美白。

3）醋的其他用途。①烹调有腥、膻味的食物时放点醋，就能除去这些异味。②烧肉时加点醋，不仅使肉烂得快，而且可以增加肉香。③炖排骨时加点醋，会使排骨中的钙成倍地释放到汤中。④炒蔬菜时放点醋，不仅可以使蔬菜脆嫩爽口，还能减少蔬菜中维生素C的破坏，使铁锅中的铁更多地溶解到蔬菜中，吃皮蛋时放点醋，可以减轻皮蛋中的碱（涩）味。⑤做馒头用碱过量时，也可加醋中和。

实验十六　复方黄连素片中盐酸小檗碱含量的测定

复方黄连素片主要由盐酸小檗碱、木香、白芍、吴茱萸四味药组成。药品性状为糖衣片，除去糖衣后显棕黄色或棕褐色，味苦、微辛，是止泻药类非处方药品。盐酸小檗碱为毛茛科植物黄连根茎中所含的一种主要生物碱，可由黄连、黄柏或三棵针中提取，也可人工合成。具有清热燥湿、泻火解毒功能，对痢疾杆菌、大肠杆菌引起的肠道感染有效，广泛用于治疗胃肠炎、细菌性痢疾等肠道感染。卫生部药品标准采用索氏提取器提取后，经柱色谱分离，显色后再用分光光度法测定盐酸小檗碱的含量，较繁琐。本实验以氧化还原反应剩余滴定法对复方黄连素片进行含量测定，方法简便可靠。

一、实验目的

1. 掌握氧化还原反应剩余滴定法测定盐酸小檗碱含量的原理和方法。
2. 学会干过滤操作。

二、实验原理

盐酸小檗碱（$C_{20}H_{18}ClNO_4 \cdot 2H_2O$）具有还原性，能与重铬酸钾定量反应，其关系为2：1。因此用过量的重铬酸钾与盐酸小檗碱反应，剩余的重铬酸钾标准溶液再用间接碘量法滴定，反应方程式如下：

$$Cr_2O_7^{2-} + 6I^- + 14H^+ \longrightarrow 2Cr^{3+} + 3I_2 + 7H_2O$$

$$2S_2O_3^{2-} + I_2 \longrightarrow S_4O_6^{2-} + 2I^-$$

三、仪器、药品及材料

仪器：分析天平、台秤、电炉、50 mL 酸式滴定管、滴定台、250 mL 具塞锥形瓶、洗瓶、250 mL 烧杯、250 mL 容量瓶、10 mL 吸量管、50 mL、100 mL 移液管、玻璃棒、研钵、漏斗、小刀、烘箱。

药品：0.01667 mol/L $K_2Cr_2O_7$ 标准溶液（或 0.02000 mol/L $K_2Cr_2O_7$ 标准溶液）、0.1000 mol/L $Na_2S_2O_3$ 标准溶液、6 mol/L HCl 溶液、0.2%淀粉指示剂、固体碘化钾。

材料：称量纸、定性滤纸、复方黄连素片（市售）。

四、实验步骤

1. 取 20 片黄连素药片，除去糖衣后，精确称重。

2. 于研钵中研细后再准确称取 3 片的量，置烧杯中，加沸水 150 mL，搅拌使盐酸小檗碱溶解，静置冷却，移入 250 mL 容量瓶中，准确加入 0.01667 mol/L $K_2Cr_2O_7$ 标准溶液 50 mL（或 0.02000 mol/L $K_2Cr_2O_7$ 标准溶液 40 mL），加蒸馏水定容至刻度，上下振摇 2 分钟，干过滤。

3. 准确移取滤液 100 mL 于 250 mL 具塞锥形瓶中，加 2 g 碘化钾固体，振摇使之溶解，再加 6 mol/L HCl 溶液 10 mL。密塞，摇匀，在暗处放置 10 分钟。

4. 最后用 0.1000 mol/L $Na_2S_2O_3$ 标准溶液滴定，至近终点淡黄色时，加入淀粉指示剂 2 mL，继续滴定至蓝色消失，溶液呈亮绿色即为终点。并将滴定结果用空白试验校正。实验数据记录在表 4-4 中。

$$\text{小檗碱含量(mg/ 片)} = \frac{2\left[c_{K_2Cr_2O_7} \times V_{K_2Cr_2O_7} \times \dfrac{100}{250} - \dfrac{1}{6}c_{Na_2S_2O_3}(V_{\text{样品},Na_2S_2O_3} - V_{\text{空白},Na_2S_2O_3})\right] \times 407.85}{\dfrac{100}{250} \times 3 \text{ 片}}$$

式中，$c_{K_2Cr_2O_7}$ ——$K_2Cr_2O_7$ 标准溶液的准确浓度，mol/L；

$V_{K_2Cr_2O_7}$ ——准确加入 $K_2Cr_2O_7$ 标准溶液的体积，mL；

$c_{Na_2S_2O_3}$ ——$Na_2S_2O_3$ 标准溶液的准确浓度，mol/L；

$V_{\text{样品},Na_2S_2O_3}$ ——测定样品时消耗 $Na_2S_2O_3$ 标准溶液的体积，mL；

$V_{\text{空白},Na_2S_2O_3}$ ——同时做空白校正时消耗 $Na_2S_2O_3$ 标准溶液的体积，mL。

五、思考题

1. 药瓶标签盐酸小檗碱标示量为 100 mg/片，比较自己的实验结果，分析误差的原因。

2. 测定盐酸小檗碱含量的方法很多，请查文献写出其中一种方法的原理和步骤，感兴趣的同学可进行实验并比较两种方法的结果。

六、注意事项

1. 为了掩盖盐酸小檗碱的苦味，黄连素多制成糖衣片，测定其含量时一定要除去糖衣后再进行，否则测定结果明显偏低。

2. 通常直接用刀片刮去糖衣，但多数糖衣不易除去，不小心就容易刮去片芯，很难得到完整的片芯，而且操作繁琐、费时、易产生误差。

3. 可采用烘烤法去糖衣，方法是将盐酸小檗碱糖衣片放在玻璃皿内，置100℃烘箱中烘烤 40 min，取出自然放冷，由于衣层的膨胀系数与片芯不同，使得糖衣层与片芯分层，衣层龟裂，糖衣很易除去，且不损伤片芯。盐酸小檗碱性质稳定，100℃不会影响其性质。

七、结果记录

表 4-4 盐酸小檗碱含量测定的实验数据

项目 \ 测定次数	1	2	3
$c_{K_2Cr_2O_7}$/(mol/L)			
$V_{K_2Cr_2O_7}$/mL			
准确移取滤液体积/mL			
$c_{Na_2S_2O_3}$/(mol/L)			
$V_{样品,Na_2S_2O_3}$/mL			
$V_{空白,Na_2S_2O_3}$/mL			
盐酸小檗碱含量/(mg/片)			
盐酸小檗碱平均含量/(mg/片)			
相对平均偏差			

【知识拓展】

1) 盐酸小檗碱又叫黄连素，人们常用它治疗肠炎。其主要作用：①黄连素是价廉简便药物之一，临床用途非常广泛。黄连素具有抗感染性，黄连素抗菌谱很广，对一些球菌、杆菌以及原生虫都有杀灭作用，对一些霉菌、病毒也有抑制作用。②黄连素具有增加冠脉血流量、降血压作用，可用于冠心病、高血压和心律失常的治疗。③黄连素具有松弛平滑肌、利胆作用。④黄连治疗消渴症古已有之，多用于中消，多饮、多食、小便甜者。此外，黄连素还有抗癌，解热，抗利尿和局部麻醉、镇静和镇痛作用，这有待临床探讨。黄连素临床应用价值高，价廉简便，但应选好适应证，不宜滥用，用药应从小剂量开始。

2) 复方黄连素是一种临床使用多年的常用药，国内很多企业都生产。生产标准不一，配方不同，规格不同，有按中药审批的，有按西药审批的，品种多而混乱，疗效参差不齐。2003 年 6 月前该药品的生产大多是按地方标准，为保证群众用药安全有效，

2003 年 6 月 18 日国家食品药品监督管理局公布的第三批停止使用的化学药品地方标准名单中，就包括复方黄连素片。"国药准字"的复方黄连素片仍可服用，由此可见，生产过程中质量控制是非常重要的一环。复方黄连素片中盐酸小檗碱含量的测定是成分分析质量控制的重要部分。

实验十七　胃舒平药片中 Al_2O_3 和 MgO 含量的测定

胃舒平（复方氢氧化铝）是一种中和胃酸的胃药，主要用于缓解胃酸过多引起的胃痛、胃灼热感（烧心）、反酸和胃溃疡等，也可用于慢性胃炎。其主要成分是氢氧化铝、三硅酸镁及少量中药颠茄浸膏，在加工过程中，为了使药片成形，加入了大量的糊精。药片中 Al_2O_3 和 MgO 含量的测定可采用 EDTA 配位滴定法。

一、实验目的

1. 学会药片含量测定的前处理方法。
2. 掌握返滴定法测定 Al_2O_3 含量的原理和方法。
3. 掌握沉淀分离的操作技术。

二、实验原理

将样品溶解，分离弃去水的不溶性物质，然后取一份试液，调节 $pH \approx 4$，定量加入过量的 EDTA 溶液，加热煮沸，使 Al^{3+} 与 EDTA 完全反应：$Al^{3+} + H_2Y^{2-} \longrightarrow AlY^- + 2H^+$。再以二甲酚橙为指示剂，用 Zn 标准溶液返滴定过量 EDTA 从而测定出 Al_2O_3 的含量。另取一份试液，调节 $pH \approx 5.5$，使 Al 生成 $Al(OH)_3$ 沉淀分离后，再调节 $pH = 10$，以铬黑 T 作为指示剂，用 EDTA 标准溶液滴定滤液中的 Mg：$Mg^{2+} + H_2Y^{2-} \longrightarrow MgY^{2-} + 2H^+$。从而测定出 MgO 的含量。

三、仪器、药品及材料

仪器：分析天平、台秤、电炉、50 mL 酸式滴定管、滴定台、250 mL 锥形瓶、洗瓶、250 mL 烧杯、100 mL 量筒、250 mL 容量瓶、10 mL 吸量管、5 mL 移液管、25 mL 移液管、玻璃棒、研钵、漏斗。

药品：0.02000 mol/L EDTA 标准溶液、0.02000 mol/L Zn^{2+} 标准溶液、20％六次甲基四胺溶液、2 mol/L HCl 溶液、6 mol/L HCl 溶液、6 mol/L $NH_3 \cdot H_2O$ 溶液、(1+2)三乙醇胺溶液、NH_3-NH_4Cl 缓冲溶液、0.2％二甲酚橙指示剂、0.2％甲基红指示剂、酸性铬蓝 K-萘酚绿 B 指示剂、铬黑 T 指示剂、固体 NH_4Cl。

材料：称量纸、定性滤纸、胃舒平药片。

四、实验步骤

1. 胃舒平药片处理

准确称取 10 片胃舒平药片，研细并混合均匀后从中准确称取 2 g 左右药粉，加入

6 mol/L HCl 溶液 20 mL，加蒸馏水至 100 mL 煮沸，冷却后过滤，用蒸馏水洗涤沉淀，收集滤液及洗涤液于 250 mL 容量瓶中，稀释至刻度，摇匀。

2. Al_2O_3 含量的测定

准确吸取上述滤液 5.00 mL 于 250 mL 锥形瓶中，加水至 25 mL。加入 2 滴二甲酚橙指示剂，滴加 6 mol/L $NH_3 \cdot H_2O$ 溶液至溶液呈紫红色，再滴加 2 mol/L HCl 溶液至溶液变为黄色后再过量 3 滴，此时溶液 pH≈4 左右。准确加入 0.02000 mol/L EDTA 标准溶液 25.00 mL，将溶液煮沸 5 min，冷却后再加入 10 mL 20% 六次甲基四胺溶液和 2 滴二甲酚橙指示剂。用 Zn^{2+} 标准溶液滴定至溶液由黄色变为紫红色，即为终点，平行测定 3 次。根据 EDTA 标准溶液加入量和 Zn^{2+} 标准溶液滴定体积，计算每片药片中 Al_2O_3 的含量。实验结果记录在表 4-5 中。

$$w_{Al_2O_3}(mg/\text{片}) = \frac{(c_{EDTA} \times V_{EDTA} - c_{Zn} \times V_{Zn}) \times 101.96}{2 \times \frac{5}{250} \times \frac{m_{\text{药粉}}}{m_{\text{药片}}} \times 10}$$

式中，c_{EDTA}——EDTA 标准溶液的准确浓度，mol/L；

V_{EDTA}——准确加入 EDTA 标准溶液的体积，即 25.00 mL；

c_{Zn}——Zn 标准溶液的准确浓度，mol/L；

V_{Zn}——测定时消耗 Zn 标准溶液的体积，mL；

$m_{\text{药粉}}$——准确称取胃舒平药粉的质量，2 g 左右；

$m_{\text{药片}}$——准确称取 10 片胃舒平药片的质量，g。

3. MgO 含量的测定

准确吸取试液 25.00 mL 于 250 mL 锥形瓶中，滴加 6 mol/L $NH_3 \cdot H_2O$ 溶液至刚出现混浊，再加 6 mol/L HCl 溶液至沉淀恰好溶解，加入 2 g 固体 NH_4Cl，滴加 20% 六次甲基四胺溶液至沉淀出现并过量 15 mL，此时溶液 pH≈5.5。加热至 80℃并维持 15 min，冷却后过滤，以少量蒸馏水洗涤沉淀数次，收集滤液及洗涤液于 250 mL 锥形瓶中。加入(1+2)三乙醇胺溶液 10 mL、pH＝10 的 NH_3-NH_4Cl 缓冲溶液 10 mL、甲基红指示剂 1 滴和绿豆粒大小的铬黑 T 指示剂（或酸性铬蓝 K-萘酚绿 B 指示剂），用 EDTA 标准溶液滴定至试液由暗红色变为蓝色，即为终点，平行测定 3 次。根据滴定时消耗 EDTA 标准溶液的体积，即可计算出每片药片中 MgO 的含量。实验结果记录在表 4-5 中。

$$w_{MgO}(mg/\text{片}) = \frac{c_{EDTA} \times V_{EDTA} \times 40.31}{\frac{25}{250} \times \frac{m_{\text{药粉}}}{m_{\text{药片}}} \times 10}$$

五、思考题

1. 检验自己的实验结果是否与药瓶标签上标注的含量相同，分析误差的原因。

2. 测定铝离子为什么不采用直接滴定法？

3. 测定镁离子为什么加入三乙醇胺？

六、注意事项

1. 试样胃舒平药片中铝镁含量不均匀，为了取具有代表性的样品，所以要将药片研细后进行分析，目的是使测定结果更为准确。

2. 调节溶液 pH 时用六次甲基四胺比用氨水好，这样可减少 $Al(OH)_3$ 对 Mg^{2+} 的吸附。

3. 测定 MgO 含量时加入 1 滴甲基红指示剂有利于终点的判断。

七、结果记录

表 4-5　胃舒平药片含量测定的实验数据

项目　　　　　　　　测定次数	1	2	3
10 片胃舒平药片的质量/g			
胃舒平药粉的质量/g			
c_{EDTA}/(mol/L)			
准确加入 EDTA 标液体积/mL	25.00		
c_{Zn}/(mol/L)			
测定 Al_2O_3 含量时消耗 Zn 标液体积/mL			
$w_{Al_2O_3}$/(mg/片)			
$\overline{w}_{Al_2O_3}$/(mg/片)			
相对平均偏差			
测定 MgO 含量时消耗 EDTA 标液体积/mL			
w_{MgO}/(mg/片)			
$\overline{w}_{MgO}$/(mg/片)			
相对平均偏差			

【知识拓展】

1) 胃舒平药用机理。胃舒平由能中和胃酸的氢氧化铝和三硅酸镁两药合用，并组合解痉止痛药颠茄浸膏而成。其中的氢氧化铝不溶于水，与胃液混合后形成凝胶状覆盖在胃黏膜表面，具有缓慢而持久的中和胃酸及保护胃黏膜的作用。但由于中和胃酸时产生的氯化铝具有收敛作用，可引起便秘。三硅酸镁中和胃酸的作用机理与氢氧化铝相似，同样可于胃内形成凝胶，中和胃酸和保护胃黏膜。但由于其中不被吸收的镁离子起了轻泻作用，对于去除氢氧化铝的便秘副作用，可谓"正中下怀"，两药组合，相得益彰。颠茄浸膏则具有解痉止痛的作用。

2）胃舒平应饭前服用，或胃痛发作时嚼碎服用。其常见的不良反应有：①长期大剂量服用可致严重便秘，粪结块引起肠梗阻。②老年人长期服用可致骨质疏松。③肾功能不全患者服用后可能引起血铝升高。

实验十八　茶叶中分离和鉴定某些元素

茶叶属植物类，为有机体，主要由 C、H、O、N 等元素组成，还有 P、I 和 些微量金属元素，如 Fe、Al、Ca 和 Mg 等。茶叶需先进行"干灰化"，"干灰化"即试样在空气中置于敞口的蒸发皿或坩埚中加热，有机物经氧化分解而烧成灰烬。除了几种元素形成易挥发物质逸出外，其他元素留在灰烬中，灰化后，用酸溶解。从浸取液中定性鉴定 Fe、Al、Ca、Mg 和 P 元素，并对 Fe、Ca 和 Mg 进行定量测定（此步不作要求）。

一、实验目的

1. 掌握从茶叶中分离和鉴定某些元素的方法。
2. 掌握植物中某些成分提取的基本实验操作技能。

二、实验原理

铁铝混合液中 Fe^{3+} 对 Al^{3+} 的鉴定有干扰。利用 Al^{3+} 的两性，加入过量的碱，使 Al^{3+} 转化为 AlO_2^- 留在溶液中，Fe^{3+} 则生成 $Fe(OH)_3$ 沉淀，经分离后消除干扰。钙镁混合液中，Ca^{2+} 和 Mg^{2+} 的鉴定互不干扰，可直接鉴定，不必分离。铁、铝、钙和镁各自的特征反应方程式如下：

$$x Fe^{3+} + x K^+ + x[Fe(CN)_6]^{4-} \longrightarrow [KFe(CN)_6 Fe]_x \downarrow \text{深蓝色沉淀}$$

$$Al^{3+} + 铝试剂 + OH^- \longrightarrow 红色絮状沉淀$$

$$Mg^{2+} + 镁试剂 + OH^- \longrightarrow 天蓝色沉淀$$

$$Ca^{2+} + C_2O_4^{2-} \longrightarrow CaC_2O_4 \downarrow \text{白色沉淀}$$

根据上述特征反应的实验现象，可分别鉴定出 Fe、Al、Ca 和 Mg 四种元素。

以下含量测定不作要求，感兴趣的同学可进行。

Ca 和 Mg 含量的测定，可采用配位滴定法。在 pH＝10 的条件下，以铬黑 T 为指示剂，EDTA 为标准溶液直接滴定，可测得 Ca 和 Mg 总量。如测 Ca、Mg 各自的含量，可在 pH＞12.5 时，使 Mg^{2+} 生成 $Mg(OH)_2$ 沉淀，以钙为指示剂、EDTA 为标准溶液

滴定 Ca^{2+}，再用差减法即可得 Mg^{2+} 含量。Fe^{3+} 和 Al^{3+} 的存在干扰 Ca^{2+}、Mg^{2+} 离子的测定，可用三乙醇胺掩蔽 Fe^{3+} 和 Al^{3+}。

茶叶中 Fe 含量较低，可用分光光度法测定。在 pH＝2～9 的条件下，Fe^{2+} 与邻菲啰啉能生成稳定的橙红色的配合物，在显色前先用盐酸羟胺把 Fe^{3+} 还原成 Fe^{2+}，其反应方程式如下：

$$2Fe^{3+} + NH_2OH \cdot HCl \longrightarrow 2Fe^{2+} + N_2 \uparrow + 2H_2O + 4H^+ + 2Cl^-$$

测定时通过加缓冲溶液来控制溶液的酸度在 pH＝5 左右。酸度高，反应进行较慢；酸度太低，Fe^{2+} 水解，影响显色。

三、仪器、药品及材料

仪器：研钵、蒸发皿、台秤、电炉、水浴锅、玻璃棒、漏斗、离心机、离心试管、试管、滴管、25 mL 烧杯、100 mL 容量瓶、50 mL 容量瓶、25 mL 移液管、250 mL 锥形瓶、50 mL 酸式滴定管、5 mL 吸量管、10 mL 吸量管、721 型分光光度计。

药品：6 mol/L HCl 溶液、浓氨水、6 mol/L NaOH 溶液、6 mol/L HAc 溶液、饱和 $(NH_4)_2C_2O_4$ 溶液、0.1 mol/L $K_4[Fe(CN)_6]$ 溶液、铝试剂、镁试剂、钼酸铵试剂、浓 HNO_3、0.01000 mol/L EDTA 标准溶液、10 μg/mL Fe 标准溶液、（1＋1）三乙醇胺溶液、pH＝10 缓冲溶液（NH_3-NH_4Cl）、铬黑 T 指示剂、pH＝4.7 缓冲溶液（HAc-NaAc）、0.1％邻菲啰啉溶液、10％盐酸羟胺溶液。

材料：茶叶、滤纸、pH 试纸、2 cm 比色皿、坐标纸、擦镜纸。

四、实验步骤

1. 样品处理

台秤上称取 8 g 干燥的茶叶于研钵中研细，放入蒸发皿中，用电炉加热使其充分灰化，取出 0.1 g 左右茶叶灰作 P 元素鉴定用，其余置于蒸发皿中，加入 10 mL 6 mol/L HCl 溶液，加热搅拌溶解（可能有少量不溶物），待溶解后过滤，保留滤液。

2. 分离各金属离子

用浓氨水将滤液调至 pH≈7，并产生沉淀。于沸水浴中加热 30 min，离心分离，上层清液倒入 100 mL 容量瓶中，并用蒸馏水稀释至刻度，摇匀，贴上标签①号，用作 Ca^{2+}、Mg^{2+} 鉴定和含量测定用。然后用 6 mol/L HCl 溶液重新溶解沉淀，并少量多次洗涤，滤液倒入 100 mL 容量瓶中，并用蒸馏水稀释至刻度，摇匀，贴上标签②号，用作 Fe^{3+}、Al^{3+} 鉴定和含量测定用。

3. 鉴定各金属离子，现象填入表 4-6-1 中。

从①号容量瓶中取 2 mL 试液于一支洁净的试管中，加 2 滴镁试剂，再加 2 滴 6 mol/L NaOH 溶液碱化，若有天蓝色沉淀产生，表示有 Mg^{2+} 存在。

从①号容量瓶中取 2 mL 试液于另一支洁净的试管中，加 2 滴 6 mol/L HAc 溶液酸化，再加 2 滴饱和 $(NH_4)_2C_2O_4$，有白色沉淀产生，表示有 Ca^{2+} 存在。

从②号容量瓶中取 2 mL 试液于一支洁净的试管中，滴入 2 滴 0.1 mol/L $K_4[Fe(CN)_6]$溶液，若有深蓝色沉淀生成，表示有 Fe^{3+} 存在。

从②号容量瓶中取 2 mL 试液于另一支洁净的试管中，逐滴滴入 6 mol/L NaOH 溶液从白色沉淀产生并过量至白色沉淀部分溶解，离心分离，取上层清液于另一支试管中，加 6 mol/L HAc 溶液酸化，加 2 滴铝试剂，放置片刻后，再滴入 2 滴浓 $NH_3 \cdot H_2O$ 碱化，于水浴中加热，若有红色絮状沉淀产生，表示有 Al^{3+} 存在。

取茶叶灰于 25 mL 烧杯中，加 5 mL 浓 HNO_3（通风橱中进行），搅拌使其溶解，过滤，在滤液中加 1 mL 钼酸铵试剂并于水浴中加热，若有黄色沉淀产生，表示有元素 P 存在。

以下含量测定不作要求，感兴趣的同学可进行。

4. 茶叶中 Ca 和 Mg 总量的测定

从①号容量瓶中准确吸取 25.00 mL 试液于 250 mL 锥形瓶中，加 4 mL(1+1) 三乙醇胺溶液，5 mL NH_3-NH_4Cl 缓冲溶液，摇匀。再加入绿豆粒大小的铬黑 T 指示剂，摇匀。此时溶液呈紫红色，用 0.01000 mol/L EDTA 标准溶液滴定至溶液呈纯蓝色，即为终点。根据 EDTA 标准溶液的消耗量，计算茶叶中 Ca 和 Mg 的总量，并以 MgO 的质量分数表示。

5. 铁标准曲线的绘制及茶叶中 Fe 含量的测定

取 6 只编号的 50 mL 容量瓶，依次准确地吸取 10 μg/mL 的铁标准使用液 0.00、2.00、4.00、6.00、8.00 和 10.00 mL 于 6 只容量瓶中。另取 1 只 50 mL 容量瓶，从标签②号的 100 mL 容量瓶中准确地取试液 5.00 mL 于 50 mL 容量瓶中。依次分别加入 10% 盐酸羟胺溶液 1.0 mL，摇匀，2 min 后，加 HAc-NaAc 缓冲溶液 5.0 mL，摇匀，再加 0.1% 邻菲啰啉显色剂 3.00 mL，用水稀释至标线，摇匀。显色 10 min 后，用 2 cm 比色皿，以零浓度试剂空白或蒸馏水为参比，在波长 510 nm 处测定各溶液的吸光度。由经过空白校正的吸光度对铁的含量作图，绘制铁标准曲线。从标准曲线上查得 50 mL 容量瓶中试样 Fe 的含量，并换算成茶叶中 Fe 的含量。

五、思考题

1. 如何选择灰化的温度？
2. 鉴定 Ca^{2+} 时，Mg^{2+} 为什么不干扰？
3. 测定 Ca 和 Mg 含量时加入三乙醇胺的作用是什么？
4. 如测茶叶中 Al 含量，该如何设计实验方案？
5. 为什么 pH≈7 时，能将 Fe^{3+}、Al^{3+} 与 Ca^{2+}、Mg^{2+} 完全分离？

六、注意事项

1. 茶叶尽量捣碎，利于灰化。"干灰化"特别适用于生物和食品的预处理。
2. 茶叶灰化后，酸溶解速度较慢时可小火略加热。
3. ①号 100 mL 容量瓶试液用于 Ca^{2+}、Mg^{2+} 鉴定和含量测定用，②号 100 mL 容量瓶试液用于 Fe^{3+}、Al^{3+} 鉴定和铁含量测定用，不要混淆。

七、结果记录

表 4-6-1　五种离子的鉴定结果

离子	鉴定方法	现象	结论和解释
Ca^{2+}	从①号容量瓶中取 2 mL 试液于试管中，加 2 滴 6 mol/L HAc 溶液酸化，再加 2 滴饱和 $(NH_4)_2C_2O_4$		
Mg^{2+}	从①号容量瓶中取 2 mL 试液于试管中，加 2 滴镁试剂，再加 2 滴 6 mol/L NaOH 溶液碱化		
Fe^{3+}	从②号容量瓶中取 2 mL 试液于试管中，滴入 2 滴 0.1 mol/L $K_4[Fe(CN)_6]$ 溶液		
Al^{3+}	从②号容量瓶中取 2 mL 试液于试管中，加 6 mol/L NaOH 溶液并过量，离心分离，清液中加 6 mol/L HAc 溶液酸化，再加 2 滴铝试剂和 2 滴浓氨水碱化		
P	取茶叶灰于烧杯中加浓 HNO_3 搅拌使其溶解，过滤，在滤液中加 1 mL 钼酸铵试剂		

【知识拓展】

1) 茶有健身、治疾之药物疗效，茶叶由 93%～96.5%的有机物和 3.5%～7.0%的无机物组成。茶叶中的有机化合物达四百五十多种，主要有蛋白质、脂质、碳水化合物、氨基酸、生物碱、茶多酚、有机酸、色素、香气成分、维生素、皂苷和果胶素等。茶叶中含有 20%～30%的叶蛋白，但能溶于茶汤的只有约 3.5%。茶叶中含有 1.5%～4%的游离氨基酸，种类达 20 多种，大多是人体必需的氨基酸。茶叶中含有 25%～30%的碳水化合物，但能溶于茶汤的只有 3%～4%。茶叶中含有 4%～5%的脂质，也是人体必需的。除此之外茶叶中还富含若干功能性成分，它们对人体的保健作用见表 4-6-2。

表 4-6-2 茶叶中的功能性成分

成分	对人体的保健作用
茶多酚（包括儿茶素、黄酮类物质）	抗氧化、清除自由基、抗菌抗病毒、防龋、抗癌抗突变、消臭、抑制动脉粥样硬化、降血脂、降血压等
咖啡因	兴奋中枢神经、利尿、强心
多糖	调节免疫功能、降血糖、防治糖尿病
红茶色素	降血脂、防治血管硬化、保护心血管
叶绿素	消臭
胡萝卜素	预防夜盲症和白内障、抗癌
纤维素	助消化、降低胆固醇
维生素 B 类	预防皮肤病、保持神经系统正常
维生素 C	抗坏血病、预防贫血、增强免疫功能
维生素 E	抗氧化、抗衰老、平衡脂质代谢
维生素 U	预防消化道溃疡

茶叶中的无机矿质元素达四十多种，主要有磷、钾、硫、镁、锰、氟、铝、钙、钠、铁、铜、锌、硒等。通过饮茶能摄入的数量和对人体的保健作用见表 4-6-3。

表 4-6-3 茶叶中的无机矿质元素

矿质元素	每日饮茶 10 克摄入的数量/mg	对人体保健作用
钾	140～300	维持体液平衡
镁	1.5～5	保持人体正常的糖代谢
锰	3.8～8	参与多种酶的作用，与生殖、骨骼有关
氟	1.5～5	预防龋齿、有助于骨骼生长
铝	0.4～1	非必需
钙	3～4	有助于骨骼生长
钠	2～8	维持体液平衡
硫	5～8	与循环代谢有关
铁	0.6～1	与造血功能有关
铜	0.5～0.6	参与多种酶的作用
镍	0.05～0.28	与代谢有关
硅	0.2～0.5	与骨骼发育有关
锌	0.2～0.4	有助于生长发育
铅	极微量	非必需
硒	微量	参与某些酶的作用，增强免疫功能

2）茶叶的主要成分功效

① 咖啡因：愈是好茶，含量愈多。1820 年从咖啡中发现咖啡因的存在，1827 年从

茶叶中也发现含有咖啡因。茶叶在发芽的同时，就形成了咖啡因，从发芽到第一次采摘，所采下的第一片和第二片叶子所含咖啡因的量最高。发芽较晚的叶子，咖啡因的含量会依次减少。咖啡因可以使大脑兴奋，此外，含有的盐基、茶碱，也都具有强心、利尿的作用。

②单宁：愈是好茶，含量愈多。单宁可制造颜色，形成涩味，茶的颜色和含在口中时的涩味，都是靠单宁和其他诱导体的作用。单宁不是一种单一物质，而是由许多种物质混合而成，且很容易被氧化，又具有很强的吸湿性。

③氨基酸：决定茶的美味和涩味的重要因素。茶叶中所含的蛋白质在制造过程中，与单宁化合而产生沉淀，并因加热而凝固，泡茶喝的时候，几乎不会再出现，所以氨基酸是水溶性的，只有用开水冲泡的茶汁中才会含有。

④叶绿素：决定品种的差异。叶子之所以成为绿色是由叶绿素造成的，叶绿素是植物生长中不可缺少的成分，叶绿素分为青绿色的叶绿素 A 和黄绿色的叶绿素 B 两种。茶的品种不同，含量也不同，而茶品种的好坏，全视其含量的多寡。除此之外，还有叶红素、叶黄素、花色素等。叶红素是一种红色的色素，会因发酵过程，而有显著的变化。完全发酵的红茶，几乎都不含叶红素，相反在绿茶中却含有非常丰富的叶红素。叶黄素是一种黄色色素，在茶中含量极微。

⑤青叶酒精：香味的制造者。茶是最注重香气的饮料，而新茶独特的清香味，是青叶酒精制造出来的。主掌茶叶香味的是挥发性芳香植物油，但其含量很少。造成香味成分的种类很多，其中最重要的就是酒精类，因其沸点低，且容易挥发，只要碰到夏季、高温，新茶的香气就会消失，若想长期维持新茶的香味，最好储藏在冰箱里并保持5℃。

⑥维生素 C：愈是新茶，含量愈多。茶叶储存愈久，含量愈少。维生素 C 是预防坏血病不可缺少的要素，维生素 C 不耐高温，所以制茶时的热或泡茶时的高温开水，往往很容易破坏维生素 C。在泡第一杯茶时，维生素 C 有 80%，可是在泡第二杯茶时，维生素 C 会按约 10% 递减，所以要喝茶的话，最好是喝第一杯泡的茶。

⑦无机成分：可保持身体的弱碱性。我们体内的血液，在健康状况下是属于弱碱性的。而饭后喝茶可以把因吃过肉类或是酒类，使血液变成酸性的状况，恢复到弱碱性。

第五章 化学与日用品

实验十九 自制牙膏

牙膏是日常生活中的清洁用品，有着很悠久的历史。随着科学技术的不断发展、工艺装备的不断改进和完善，各种类型的牙膏相继问世，产品的质量和档次不断提高，牙膏品种已由单一的清洁型牙膏，发展成为品种齐全、功能多样、上百个品牌的多功能型牙膏，满足了不同层次消费水平的需要。

一、实验目的

1. 掌握牙膏配方的原理和配制方法。
2. 了解牙膏的种类、各组分的性质和用途。

二、实验原理

牙膏中都含有称为摩擦剂的不溶性物质，在刷牙过程中，它能配合牙刷一起摩擦牙齿的表面，从而起到清洁牙齿的作用。将表面活性剂、摩擦剂、香精、润湿剂、黏合剂等试剂配伍、调制、乳化后，即可制成具有去污和起保健作用的牙膏。

三、仪器、药品及材料

仪器：台秤、量筒、25 mL 烧杯、50 mL 烧杯、玻璃棒、胶头滴管、药匙。

药品：二水合磷酸氢钙、羧甲基纤维素钠（CMC）、十二烷基硫酸钠、甘油、木糖醇、香精。

材料：旧牙膏壳、称量纸。

四、实验步骤

1. 称取 1.3 g CMC 于 50 mL 烧杯中，加 16 mL 甘油和 20 mL 蒸馏水，用玻璃棒搅拌均匀。

2. 称取 0.25 g 木糖醇于 25 mL 烧杯中，加 8 mL 蒸馏水，用玻璃棒搅拌使其溶解后，再加入 2.5 g 十二烷基硫酸钠，用玻璃棒搅拌均匀后倒入上述 50 mL 烧杯中。

3. 在上述 50 mL 烧杯中再加入 47 g 二水合磷酸氢钙，边搅拌边滴入 5 滴香精，搅拌混合均匀后即成牙膏。

4. 打开旧牙膏壳的底部，使其成管状，把自制的牙膏装入，底部封好后随时都可使用。

五、思考题

1. 牙膏一般分为几种类型? 请说说各种类型牙膏的作用。
2. 调查市售牙膏, 比较它们的成分和功能。

六、注意事项

1. 制作过程中几种试剂混合时, 一定要搅拌均匀。常用的摩擦剂有多种, 本实验用二水合磷酸氢钙比较高级。加入羧甲基纤维素钠、甘油、香精等, 可以保持牙膏膏体的湿度, 并使牙膏带有一定的香味, 如果再加入一些保护牙齿的药物, 就可制得市场上流行的药物牙膏。

2. 因为牙膏要入口, 所以制作过程一定要注意卫生。牙膏除了用来清洁口腔牙齿外, 还可以清除鱼、虾的腥味, 是因为二水合磷酸氢钙、羧甲基纤维素钠具有吸附作用, 同时香精还具有一定的调香作用。

3. 制牙膏用的表面活性剂要求纯度很高, 不能有异味, 用量一般为 $2\%\sim3\%$。甜味剂的配用量一般为 $0.01\%\sim0.1\%$。

【知识拓展】

1) 牙膏是复杂的混合物, 通常由消除齿斑和牙垢的摩擦剂 (磷酸氢钙、碳酸钙、焦磷酸钙、水合硅酸、氢氧化铝)、产生泡沫用于清洁牙齿的表面活性剂 (十二烷基硫酸钠、十二烷基苯磺酸钠、月桂酰肌氨酸钠、甲基椰子牛磺酸钠)、形成牙膏膏体保持口腔湿润的润湿剂 (甘油、丙二醇、山梨醇)、有助于牙膏成型的增稠剂或黏合剂 (羧甲基纤维素钠、海藻酸钠、无机胶体物质、卡拉胶)、抑制牙膏中微生物滋生的防腐剂 (苯甲酸钠、山梨酸钾盐)、驱除异味使口气清新舒爽的香料 (薄荷香型、水果香型、留兰香型)、甜味剂 (糖精钠、木糖醇)、使膏体色彩诱人的色素 (二氧化钛用于着白, 亦可染成红色、蓝色或绿色) 等混合而成。药物牙膏在牙膏中添加药物成分, 能治疗口腔疾病。叶绿素牙膏里加入叶绿素, 对阻止牙龈出血、防止口臭有特效。加酶牙膏能分解残留食物, 对清洁口腔、防止虫蛀有效果。含氟牙膏加有活性物氟化钠、氟化亚锡、单氟磷酸钠, 能增强牙釉质抗酸能力, 对防止龋齿有效。但从安全性来考虑, 牙膏中氟含量应在 1000 微克以下, 而且 6 岁以下儿童使用含氟牙膏存在较大风险, 因为氟是一种有毒物质, 过量的氟会造成牙齿单薄, 更会降低骨头的硬度。

2) 牙膏应该符合以下八项要求: ①能够去除牙齿表面的薄膜和菌斑而不损伤牙釉质和牙本质。②具有良好的清洁口腔作用。③无毒性, 对口腔黏膜无刺激。④有舒适的香味和口味, 使用后有凉爽清新的感觉。⑤易于使用, 挤出呈均匀、光亮、柔软的条状物。⑥易于从口腔、牙齿和牙刷上清洗。⑦具有良好的化学和物理稳定性, 仓储期内保证各项指标符合标准要求。⑧具有合理的性价比。

3) 牙膏除洁齿外, 还具有一些生活上的用途, 可解除旅途上的不便。①当皮肉因外伤碰破时, 可以在伤处涂上牙膏进行消炎、止血, 然后再包扎。作为临时急救药, 以药物牙膏效果显著。②被蜂蛰时, 可以在蛰咬处涂上牙膏, 就可以消除红肿, 因为蜂毒是酸性物，而牙膏属弱碱性，酸碱中和就解毒了。③被蚊叮、虫咬后，奇痒难忍，在叮咬处涂上牙膏就可止痒。④旅途中头痛、头晕时，可在太阳穴涂上牙膏，因为牙膏中有薄荷脑、丁香油，可以镇痛。⑤旅途中手脚受冻，出现红肿，又痒又痛，只要受冻部位不破，可用布蘸上牙膏在红肿处摩擦。因为牙膏中有生姜油、薄荷油，可帮助活血消瘀。

4）牙膏问世前，人们用牙粉刷牙。牙粉是碳酸钙和肥皂粉的混合物，其功能只是保持牙齿清洁，除去污渍。牙粉 pH 高，会引起口腔组织发炎。二战以后，有治疗作用的牙膏才纷纷上市，尤以合成去垢剂月桂酰肌氨酸钠代替肥皂粉的牙膏深受大众青睐。这种清洗剂不仅能明显减少口腔炎症，还使牙膏气味清香，更有抑制引起蛀牙的菌斑酸的作用。

5）长期使用同一种牙膏不利于口腔健康，几种牙膏交替使用，是一种较为明智的选择。口腔健康离不开牙膏，也离不开牙刷的正确选择。挤牙膏时牙刷不要蘸水，一管牙膏不要用太久，一家人最好不要合用一管牙膏。

实验二十　　洗衣粉中聚磷酸盐含量的测定

酸碱滴定法

一、实验目的

1. 掌握酸碱滴定的原理，了解其应用。
2. 掌握双指示剂的使用和滴定操作。

二、实验原理

三聚磷酸钠是洗衣粉中的主要助剂，洗衣粉中聚磷酸盐作为助剂可增强洗涤效果，但会造成水质污染，因此必须限制使用。测定聚磷酸盐含量的滴定法有酸碱滴定法、配位滴定法和电位滴定法，本实验介绍酸碱滴定法来测定其含量。

洗衣粉中聚磷酸盐在酸性介质中被酸解成正磷酸，调节溶液的 pH＝3～4，此时，正磷酸以磷酸二氢根形式存在于溶液中。$H_2PO_4^-$ 的 $K_a＝6.23\times10^{-8}$，作为多元酸，在满足滴定误差≤1%的条件下，可用碱标准溶液直接滴定，至溶液 pH＝8～10 时，磷酸二氢根转变为磷酸一氢根，此时酸碱等摩尔反应，由此可间接测定洗衣粉中聚磷酸盐含量。其反应式如下：

$$Na_5P_3O_{10} + 5HNO_3 + 2H_2O = 5NaNO_3 + 3H_3PO_4$$

$$H_3PO_4 + NaOH = NaH_2PO_4 + H_2O$$

$$NaH_2PO_4 + NaOH = Na_2HPO_4 + H_2O$$

洗衣粉中聚磷酸盐的百分含量：

$$\omega(\%) = \frac{c_{NaOH} \times V_{NaOH} \times M_{Na_5P_3O_{10}}}{3 \times m_{试} \times 1000} \times 100\%$$

式中，c_{NaOH} ——氢氧化钠标准溶液的准确浓度，mol/L；

V_{NaOH} ——滴定时消耗氢氧化钠标准溶液的体积，mL；

$M_{Na_5P_3O_{10}}$ ——三聚磷酸钠的摩尔质量，g/mol；

$m_{试}$ ——所称洗衣粉样品的质量，g。

三、仪器、药品及材料

仪器：50 mL 碱式滴定管、50 mL 酸式滴定管、250 mL 锥形瓶、50 mL 量筒、电炉、石棉网、万分之一分析天平。

试剂：0.1 mol/L NaOH 溶液、6 mol/L NaOH 溶液 、2 mol/L HNO₃ 溶液、0.1 mol/L HCl 溶液、1%酚酞指示剂、1%甲基橙指示剂、邻苯二甲酸氢钾基准物质。

材料：称量纸、洗衣粉、沸石。

四、实验步骤

1. 0.1 mol/L NaOH 溶液的标定

用减量法精确称取三份 0.5 g 左右的基准物邻苯二甲酸氢钾，分别倒入三个 250 mL 锥形瓶中，加入 30～40 mL 煮沸并冷却的蒸馏水使之溶解，加 2 滴酚酞指示剂，用待标定的 NaOH 溶液滴定至溶液由无色变为微红色，并保持半分钟内不褪色，即为终点。记录滴定前后滴定管中 NaOH 溶液的体积，求得 NaOH 溶液的准确浓度，其各次相对偏差应≤0.5%，否则需重新标定。实验结果记录在表 5-1 中。

$$c_{NaOH}(mol/L) = \frac{m_{邻苯二甲酸氢钾}}{M_{邻苯二甲酸氢钾} \times V_{NaOH} \times 10^{-3}}$$

式中，$m_{邻苯二甲酸氢钾}$——精确称取基准物邻苯二甲酸氢钾的质量，g；

$M_{邻苯二甲酸氢钾}$——邻苯二甲酸氢钾的摩尔质量，204.73 g/mol；

V_{NaOH} ——标定 NaOH 溶液准确浓度时消耗的体积，mL。

2. 洗衣粉中聚磷酸盐含量的测定

精确称取洗衣粉试样 1.2000～1.5000 g 于 250 mL 锥形瓶中，加 50 mL 蒸馏水，25 mL 2 mol/L HNO₃ 溶液，摇匀，再加入几粒沸石，置电炉上小火加热煮沸 20 分钟，取下，冷却至室温。加 1 滴甲基橙指示剂，用滴管逐滴加入 6 mol/L NaOH 溶液，边加边不断摇动锥形瓶至溶液呈浅黄色为止。再用 0.1 mol/L HCl 溶液小心调节至溶液呈浅粉红色以消除过量的 NaOH，然后加入 2 滴酚酞指示剂。用 0.1000 mol/L NaOH 标准溶液滴定至溶液呈浅粉红色，而且半分钟内不褪色即为滴定终点，平行测定三次。实验结果记录在表 5-1 中。

五、思考题

1. 查找有关材料，讨论控制洗衣粉中聚磷酸盐含量对提高洗衣粉质量的意义。

2. 为什么应尽量使滴定终点的颜色与调节 pH 时的颜色接近？

六、注意事项

1. 洗衣粉溶液应用小火加热，并注意防止产生的泡沫溢出。

2. 在低泡洗衣粉中，脂肪酸对结果有干扰。每 1% 的皂片会使结果偏高约 0.33%，因此，在测定低泡洗衣粉的聚磷酸盐含量时，应根据皂片含量对结果进行修正。

3. 染色洗衣粉对终点颜色有干扰，故本实验方法不适合测定染色洗衣粉中聚磷酸盐含量。

4. 应尽量使滴定终点的颜色与调节 pH 时的颜色接近，否则将引入正向误差，造成结果偏高。

5. 对于三聚磷酸钠含量较大的超浓缩洗衣粉，因其成分有不均匀性的特点，称取的试样量越少，引入误差的可能性就越大。建议对超浓缩洗衣粉宜称取较多的试样，稀释至 250 mL 后，再吸取 25 mL 稀释液进行测定。

七、结果记录

表 5-1　洗衣粉中聚磷酸盐含量测定的实验数据

项目 ＼ 测定次数	1	2	3
精称邻苯二甲酸氢钾的质量/g			
标定 NaOH 浓度时消耗 NaOH 体积/mL			
$c_{NaOH}/(mol/L)$			
$\bar{c}_{NaOH}/(mol/L)$			
相对平均偏差			
精称洗衣粉的质量 $m_{试}$/g			
测定洗衣粉时消耗 NaOH 标液体积/mL			
聚磷酸盐含量/%			
聚磷酸盐平均含量/%			
相对平均偏差			

实验二十一　液体洗衣剂的配制

液体洗衣剂是一种无色或有色的均匀黏稠液体，易溶于水，是一种常用的液体洗涤剂。它由各种表面活性剂、一些助剂、螯合剂和溶剂等配制而成，主要用于除去织物油脂和类似油脂的污垢。无助剂的液体洗涤剂，表面活性剂含量高。含有助剂的液体洗涤剂，表面活性剂含量较低。

织物柔软剂也是一种液体产品。棉织物柔软剂大都含阳离子型和两性离子型表面活性剂，它们与天然织物有较好结合力，使织物柔软丰满，合成纤维柔软剂是含烷基酰胺基的疏水化合物。

因为液体洗衣剂是液体，所以要求配方中的各组分必须有良好的相溶性，才能保证产品的稳定，使之在一定温度、一定时间内无结晶、无沉淀、不分层、不混浊、不改变气味和不影响使用效果。稳定性主要取决于配方的组成。

一、实验目的

1. 学会液体洗衣剂的配制。
2. 熟悉配方中各成分的作用。

二、实验原理

液体洗衣剂的去污机理以衣服的洗涤来说明。衣服上的污染物常是液体和固体的混合物，以物理-化学或机械作用吸附在衣物纤维的表面上或进入纤维组织之间，既有损于衣物的外观，也有损于衣物的组织而缩短其使用寿命。液体洗衣剂的去污过程，可简单表示为：

织物·污垢 ＋ 洗衣剂 ——→ 织物 ＋ 污垢·洗衣剂
　（脏的衣物）　　　　　　　　　　　（脏的洗衣液）

去污过程的机理比较复杂，大体概括如下：

1. 润湿作用：由于洗衣液中的表面活性剂能降低水的表面张力，从而增加了水对织物的润湿能力，使洗衣液充分渗入纤维之间，表面活性剂分子能和被洗织物上的污垢产生亲合作用，使污垢从织物上分离。

2. 吸附作用：在水和被洗织物以及水和污垢之间都存在着界面，洗衣液的有效成分被织物和污垢吸附，改变了界面与织物对污垢的静电引力，使污垢在水中呈悬浮状态。

3. 增溶作用：污垢被裹挟在洗衣液的胶束层之间，产生增溶现象。

4. 机械作用：当污垢和织物吸附表面活性剂时，在人工搓洗或机械作用下，污垢从织物上分离而分散在溶液中，经反复漂洗，污垢即可除去。

三、仪器、药品及材料

仪器：恒温水浴、磁力电动搅拌器、天平、烧杯、量筒、玻璃棒、滴管、药匙、温度计。

药品：脂肪醇聚氧乙烯醚硫酸钠（AES）、十二烷基苯磺酸钠（ABS）、脂肪酸二乙醇酰胺（尼诺尔）、壬基酚聚氧乙烯醚（OP-10）、十二烷基二甲基甜菜碱（BS-12）、碳酸钠、硅酸钠、二甲苯磺酸钠（钾）、荧光增白剂、三聚磷酸钠（STPP）、羧甲基纤维素钠（CMC）、色素、香精、磷酸、氯化钠。

材料：pH试纸。

四、实验步骤

1. 按表5-2配方将去离子水加入250 mL烧杯中，于水浴锅中加热至60℃左右，搅拌下慢慢地加入阴离子表面活性剂AES，并不断搅拌10～20 min至完全溶解，此时，温度应控制在60～65℃。

表5-2　液体洗衣剂的配方

成分	质量分数/%			
	①	②	③	④
脂肪醇聚氧乙烯醚硫酸钠(AES)	3	3	3	3
十二烷基苯磺酸钠(ABS)	10	20	25	30
壬基酚聚氧乙烯醚(OP-10)	4	5	7	3
脂肪酸二乙醇酰胺(尼诺尔)	3	5	5	4
十二烷基二甲基甜菜碱(BS-12)	2			
碳酸钠		1		1
硅酸钠		2	2	2
二甲苯磺酸钠(钾)			2	2
荧光增白剂	0.2	0.1		
三聚磷酸钠(STPP)		2		
羧甲基纤维素钠(CMC)	5			
色素	0.1	0.1	0.1	0.1
香精	0.2	0.3	0.4	0.5
氯化钠	2.0	1.5	1.5	1.5
去离子水/mL	100	100	100	100

2. 保持温度60～65℃，在持续搅拌下再依次加入ABS、OP-10、尼诺尔等阴离子和非离子表面活性剂，搅拌至全部溶解。

3. 保持温度60～65℃，在上述物质溶解后，在连续搅拌下慢慢地加入两性表面活性剂BS-12，直至完全溶解。

4. 保持温度60～65℃，在不断搅拌下依次加入碱剂碳酸钠和硅酸钠、增（助）溶剂二甲苯磺酸钠（钾）、荧光增白剂、螯合剂STPP、抗污垢再沉淀剂CMC。注意待前一种物质溶解后再加入后一种物质，边加边搅拌直至完全溶解。

5. 停止加热，将温度降至40℃以下，加少量色素和香精，搅拌均匀。

6. 用磷酸调节溶液，使pH≤10.5。

7. 待溶液的温度冷却至室温，用无机增稠剂氯化钠调节黏度。

以上四种配方储存稳定，在冷水中去污力强，并赋予织物柔软性和抗静电作用，增白效果好，衣服不褪色，漂洗速度快。同学配制的液体洗衣剂可带回去使用，与超市购买的作一对比。

五、思考题

1. 液体洗衣剂常用的助剂有哪些？简述它们的作用。
2. 简述液体洗衣剂的配制过程，你对这一过程有何评价？请提出一些改进意见。
3. 如果配制的液体洗衣剂透明度不好或黏度低，你如何处理和调整配方？

六、注意事项

1. 十二烷基二甲基甜菜碱属两性表面活性剂，具有良好的洗涤和起泡作用，可广泛与阴离子、阳离子和非离子表面活性剂配伍。在酸性介质中呈阳离子型，在碱性介质中呈阴离子型，这一特点使它能与常用的表面活性剂以某种比例并用，起到增效作用。
2. 控制温度；按次序加料；连续搅拌；前一种物料溶解后再加后一种物料。

实验二十二　　指甲油的配制

指甲油又称"指甲漆"。指甲油涂于指甲后所形成的薄膜坚牢而具有适度着色的光泽，既可保护指甲，又赋予指甲一种美感。在唐代以前，中国妇女就已经出现染指甲的风气，所用的材料是凤仙花，凤仙花开之后，取其花、叶放在小钵捣碎后加少量明矾，便可用来浸染指甲，连续浸染 3~5 次，颜色数月都不会消失。中国古代官员还用装饰性的金属假指甲增加指甲长度，显示尊贵地位。之后，指甲美容、艺术指甲、水晶指甲等许多新的品种不断涌现，现在衍生出指甲彩绘。

一、实验目的

1. 掌握指甲油的配制方法。
2. 了解指甲油配方中各组分的性质。

二、实验原理

指甲油主要成分包括溶剂或稀释剂、主薄膜形成剂、次薄膜形成剂、塑形剂、色料和附属成分等。溶剂或稀释剂作用是让指甲油色泽均匀且固化迅速，长时间涂抹会使指甲面粗糙、无光泽，常用的溶剂或稀释剂有丙酮、乙酸乙酯、邻苯二甲酸酯和甲醛等。主薄膜形成剂一般用硝化纤维素，其作用是形成涂抹指甲油后的薄膜。次薄膜形成剂是增加薄膜的柔软度、强韧度及降低脆性。塑形剂作用是使指甲油柔软易涂抹及增加可塑性。色料赋予指甲油各种颜色。附属成分包括分散剂、安定剂和强化剂，分散剂使色料分散均匀，安定剂又包括化学防晒剂和防腐抗氧剂，能增加指甲油的稳定性，强化剂能增加薄膜的耐久性。

三、仪器、药品及材料

仪器：铝或不锈钢容器、磁力搅拌器、台秤、量筒、烧杯、玻璃棒、胶头滴管、药匙。

药品：聚甲基丙烯酸乙酯、过氧化苯甲酰、二氧化钛、二甲基丙烯酸己二酯、甲基丙烯酸乙氧基乙酯、N,N-双(2-羟乙基)对甲苯胺、抗氧剂（BTH）、硝化纤维素、乙酸乙酯、乙酸丁酯、磷酸三苯甲酯、酞酸二丁酯、乙醇、甲苯磺酰甲醛树脂、乙酰柠檬酸三丁酯、十八烷基苄基二甲基季铵化蒙脱土、氨基硅氧烷、异丙醇、柠檬酸、甲苯、色料。

材料：称量纸。

四、实验步骤

1. 表 5-3 给出三种指甲油配方，每种配方括号中的数字均为各原料的量的质量分数，可选择其中的一个配方进行配制。

表 5-3　指甲油的配方

配方①	配方②	配方③
聚甲基丙烯酸乙酯（0.6593）	硝化纤维素（11.5）	硝化纤维素（10.82）
过氧化苯甲酰（0.0067）	乙酸乙酯（30.0）	甲苯磺酰甲醛树脂（0.74）
二氧化钛（0.0007）	乙酸丁酯（31.6）	乙酰柠檬酸三丁酯（6.495）
二甲基丙烯酸己二酯（0.0100）	磷酸三苯甲酯（8.5）	十八烷基苄基二甲基季铵化蒙脱土（1.35）
甲基丙烯酸乙氧基乙酯（0.3133）	酞酸二丁酯（13.0）	氨基硅氧烷（1.0）
N,N-双（2-羟乙基）对甲苯胺（0.0097）	乙醇（5.0）	乙酸乙酯（9.27）
BTH（0.0003）	色料（0.4）	乙酸丁酯（21.64）
色料（适量）		异丙醇（7.72）
		柠檬酸（0.055）
		甲苯（30.91）
		色料（1.0）

2. 配方①配制方法：将聚甲基丙烯酸乙酯、过氧化苯甲酰和二氧化钛按配方量搅拌混合均匀，将二甲基丙烯酸己二酯、甲基丙烯酸乙氧基乙酯、N,N-双（2-羟乙基）对甲苯胺和 BTH 按配方量搅拌混合均匀后，再将二者搅拌混合均匀即得具有适度黏性的指甲油产品。最后加入适量色料混匀，即得有色的指甲油。

3. 配方②和③配制方法：按照配方，将部分溶剂置于铝或不锈钢容器中，搅拌下加入主薄膜形成剂硝化纤维素使其润湿。再依次加入其他原料溶剂、塑形剂和树脂等，搅拌至完全溶解后抽滤，滤液即为透明指甲油。最后加入色料混匀后，即得有色的指甲油。

按上述三种配方配制的指甲油具有以下特性：①涂布于指甲表面后约 4 分钟，即可形成干燥的薄膜牢固地附着在指甲表面。②除去薄膜时，只需沿指甲尖用力一揭，不用去膜剂即可将其整张剥去，不残留于指甲表面，避免使用去膜剂给指甲表面带来的生理损伤。③光泽度好，涂饰容易，颜色均匀，防水、不易产生斑点，成膜后弹性和硬度适宜。④薄膜柔韧性好，按压指甲，即在指甲表面形成浅的带纹理的坑洼，停止按压后约 30 秒钟，带纹理的坑洼即完全消失，仍保持按压前同样的外观。

五、思考题

1. 指甲油主要成分有哪些？各成分的作用是什么？
2. 符合标准的指甲油应具备哪些特性？

六、注意事项

指甲油原料大都有一定的生物毒性，应避免进入人体，造成慢性中毒。涂指甲油后，不要用手拿食品，以免把指甲油粘到食品上，杜绝"毒从口入"。特别需要注意的是含油多的油条、蛋糕等油脂性食品不能用手拿着吃，因为指甲油所含的化合物属脂溶性化合物，容易溶解在油脂中，因此要格外小心。

【知识拓展】

1) 有的指甲油含有酞酸酯物质，这种物质若长期被人体吸收，不仅对人的健康十分有害，而且容易引起孕妇流产及生出畸形儿。所以，孕期或哺乳期的妇女都应避免使用标有"酞酸酯"字样的化妆品。尽量少涂指甲油，不要选择一些"三无"产品或者价格极其低廉的不正规产品，多数时候，一分价钱一分货是有道理的。涂指甲油时保持通风，尽量少吸入指甲油散发出来的化学气体，以减少身体所受毒害。

2) 指甲油选购技巧：①将指甲油毛刷拿出来看看，顺着毛刷直下得是否流畅的呈水滴状往下滴，如果流动很慢说明该瓶指甲油太浓稠将不容易擦匀。②刷子拿出来时，左右压一下瓶口，试试刷毛的弹性。③尽量选择刷毛较细长的指甲油，这样会比较容易上匀。④刷子沾满指甲油拿出来时，毛刷仍维持细长状，表明刷子好，有些会变得很粗大。⑤看生产日期。

3) 指甲油不要连续涂抹。许多女孩都喜欢涂指甲油，以展示自己的美丽。但专家提醒，指甲油不要连续涂抹，至少让指甲休息一周。指甲油的主要成分为挥发性溶剂，以及少数油性溶剂等物质。连续涂抹指甲油，会阻碍指甲的"呼吸"，让指甲变黄、变脆，而且容易让指甲表面失去天然的光泽。因此，在指甲"休息"的一周中，应该对指甲进行养护。可以在指甲上涂一层橄榄油，以滋润受损的指甲，还可用纱布裹上指甲，然后按逆时针方向对指甲进行按摩。

实验二十三　自制固体酒精

酒精是一种易燃、易挥发的液体，沸点是 78℃，凝固点是 −114℃。它是一种重要的有机化工原料，广泛用于化学、食品等工业，也可作为燃料用于日常生活中。

固体酒精又叫固体燃料，是一种较为先进的高能新型绿色环保固体燃料，固体酒精是在工业酒精中加入凝固剂使之成为固体型态。使用时用一根火柴即可点燃，燃烧时无烟尘、无毒、无异味，火焰温度均匀，热值高。每 250 g 可以燃烧 1.5 小时以上，比使用电炉、酒精炉都节省、方便和安全，因此，是一种理想的方便燃料。

一、实验目的

1. 学会三种制作固体酒精的方法。
2. 掌握每种方法中各成分的作用。

二、实验原理

酒精与水可以任意比混溶，醋酸钙只溶于水而不溶于酒精。当酒精注入饱和醋酸钙溶液中时，饱和醋酸钙溶液中的水溶解于酒精中，致使醋酸钙从酒精溶液中析出，呈半固态的凝胶状物质——"胶冻"，酒精充填其中。点燃胶状物时，酒精便燃烧起来。

醋酸钠易溶于水而难溶于酒精，当两种溶液相混合时，醋酸钠在酒精中成为凝胶析出。液体便逐渐从浑浊到稠厚，最后凝聚为一整块，就得到固体酒精。

硬脂酸钠受热时软化，冷却后又重新凝固，液体酒精包含在硬脂酸钠网状骨架里，骨架间隙中充满了酒精分子。

三、仪器、药品及材料

仪器：药匙、台秤、25 mL 烧杯、50 mL 烧杯、100 mL 烧杯、5 mL 量筒、10 mL 量筒、50 mL量筒、玻璃棒、表面皿、恒温水浴锅。

药品：工业酒精、醋酸钙(固体)、碳酸钠(固体)、醋酸、硬脂酸(固体)、氢氧化钠(固体)。

材料：称量纸、打火机、铁罐。

四、实验步骤

方法（一）

1. 称取 2.0 g 醋酸钙于小烧杯中，加 5 mL 蒸馏水，用玻璃棒搅拌制成醋酸钙饱和溶液。

2. 用 10 mL 量筒准确地量取 10 mL 工业酒精，再慢慢地将量筒中的工业酒精倒入上述醋酸钙饱和溶液中，观察烧杯中物质出现的变化。

3. 取出胶冻，捏成球状，放在表面皿中点燃。胶冻立即燃烧，并发出蓝色火焰。

方法（二）

1. 配制碳酸钠饱和溶液。

2. 将醋酸慢慢加入上述碳酸钠饱和溶液中，直到不再产生气泡为止（产物为醋酸钠、水和二氧化碳）。

　　3. 将所得溶液蒸发制成饱和溶液。

　　4. 在溶液中慢慢加入工业酒精（注意：要慢慢加入酒精，开始酒精会剧烈沸腾）。

　　5. 待溶液冷却后，即可得到固体酒精。

　　6. 将制得的固体酒精分别盛放到铁罐中以备使用，使用时取出点燃即可。

方法（三）

　　1. 100 mL 烧杯中加入 8 g 硬脂酸和 50 mL 工业酒精，在 60～80℃ 水浴中加热至固体溶解为止。

　　2. 50 mL 烧杯中加入 2 g 氢氧化钠和 50 mL 工业酒精，并不断搅拌，直至氢氧化钠全部溶解。

　　3. 将含有氢氧化钠的酒精倒入含有硬脂酸的酒精中，这时有部分酒精凝固，于 60～80℃ 水浴中加热并不断搅拌，至全部溶解，趁热将混合液倒入成型的模具中，冷却后即形成半透明固体酒精燃料。

燃烧试验

　　称取 50 g 自制的固体酒精于铁罐中，取一只 500 mL 烧杯里面放 250 mL 自来水，放在酒精铁罐上面加热，用秒表测定 250 mL 水烧沸时间。与用电炉烧水所需的时间进行比较。

五、思考题

　　1. 什么是固体酒精？

　　2. 固体酒精的制作有多种方法，操作也很方便，你能再介绍一种吗？并说出制作过程。

六、注意事项

　　1. 绝不能使用劣质酒精来制备固体酒精。劣质酒精燃烧不充分产生有毒气体一氧化碳，当工业酒精的外部开始燃烧时，由于内部没有受到足够的温度，同时又没有足够的氧气与其充分反应，会在近外部不充分燃烧，产生一氧化碳有毒气体。在内部或近内部，由于温度升高，凝固剂逐渐丧失其性能，可以使晶体存在的甲醇挥发，或产生甲醇蒸气，伤害人的眼睛。

　　2. 固体酒精不可食用，不可与食品混放，不可放置在儿童接触到的地方。

　　3. 固体酒精应于常温下保存，注意防火，防潮，远离火源。

　　4. 方法（二）完全使用家庭里的材料，适合家庭制作固体酒精。

【知识拓展】

　　1）如在配方中加入石蜡等物料作为黏结剂，就可得到质地更加结实的固体酒精燃料；加入硝酸铜可以在燃烧时改变火焰的颜色，美观，有欣赏价值；还可以添加溶于酒精的染料制成各种颜色的固体酒精。由于所用的添加剂为可燃的有机化合物，不仅不影响酒精的燃烧性能，而且燃烧得更为持久，并释放出应有的热能，在实际应用中也更加安全方便。

2）固体酒精的优点：固体酒精因使用、运输和携带方便，燃烧时对环境的污染较少，与液体酒精相比安全性较高，作为一种固体燃料，广泛应用于餐饮业、旅游业和野外作业等场合。在温度很低时由于硬脂酸不能完全溶解，无法制得固体酒精，在30℃时，硬脂酸可以溶解，但需要较长的时间，且两液混合后立即生成固体酒精，由于固化速度太快，致使生成的产品均匀性差。随着温度的升高，固化产品均匀性越来越好，在60℃时，两液混合后并不立即产生固化，因此可以使溶液混合得非常均匀，混合后在自然冷却过程中，酒精不断地固化，最后得到均匀一致的固体酒精，而且可以使制成的固体酒精在燃烧时仍然保持固体状态，这样大大提高了固体酒精使用时的安全性。特别是在野外作业或旅游时，可以直接将固体酒精放在铁板或砖块上燃烧而不必盛于铁桶内，用起来特别方便，如增加硬脂酸的用量，固体酒精在燃烧时会有一层不易燃烧的硬膜生成，阻止了酒精的流淌，从而保持了酒精的固体形态。

实验二十四　粗盐的提纯和检验

一、实验目的

1. 掌握提纯粗盐的原理和方法。
2. 掌握加热、溶解、沉淀、常压过滤、减压过滤、蒸发浓缩、结晶和干燥等基本操作。
3. 掌握食盐中 Ca^{2+}、Mg^{2+} 和 SO_4^{2-} 离子的定性鉴定。

一、实验原理

粗盐中含有 Ca^{2+}、Mg^{2+}、K^+、SO_4^{2-} 等可溶性杂质和泥沙等不溶性杂质。要得到较纯净的食盐可用重结晶的方法，方法要点是将粗盐溶于水后，过滤除去不溶性杂质。可溶性杂质则用化学方法，加沉淀剂使之转化为难溶沉淀物，再用过滤的方法除去。通常先在粗盐溶液中加入过量的 $BaCl_2$ 溶液生成 $BaSO_4$ 沉淀以除去 SO_4^{2-}，然后加入饱和 Na_2CO_3 溶液，除去 Ca^{2+}、Mg^{2+} 和过量的 Ba^{2+}，反应方程式为：

$$Ba^{2+} + SO_4^{2-} =\!=\!= BaSO_4(s)$$
$$Mg^{2+} + CO_3^{2-} =\!=\!= MgCO_3(s)$$
$$Ca^{2+} + CO_3^{2-} =\!=\!= CaCO_3(s)$$
$$Ba^{2+} + CO_3^{2-} =\!=\!= BaCO_3(s)$$

过量的 Na_2CO_3 溶液用 6 mol/L HCl 溶液中和。粗盐中的 K^+ 与这些沉淀剂都不反应，仍留在溶液中。因为 KCl 的溶解度大于 NaCl，而且其含量又较少，所以将 NaCl 溶液加热蒸发浓缩成过饱和溶液时，冷却后即析出食盐，K^+ 未达饱和仍留在母液中，经减压抽滤即可得到较纯净的食盐。

三、仪器、药品及材料

仪器：台秤、100 mL 烧杯、普通漏斗、布氏漏斗、吸滤瓶、真空泵、蒸发皿、50 mL 量筒、石棉网、坩埚钳、电炉、恒温水浴锅、试管、试管架、玻璃棒、洗瓶。

药品：6 mol/L HCl 溶液、6 mol/L HAc 溶液、1 mol/L $BaCl_2$ 溶液、Na_2CO_3 饱和溶液、$(NH_4)_2C_2O_4$ 饱和溶液、2 mol/L $NH_3 \cdot H_2O$ 溶液、1 mol/L NH_4Cl 溶液、0.1 mol/L Na_2HPO_4 溶液、粗食盐。

材料：pH 试纸、滤纸、称量纸。

四、实验步骤

1. 粗盐的提纯

(1) 粗盐的称量和溶解。台秤称取 5 g 粗盐，放入 100 mL 烧杯中，加 25 mL 去离子水，加热、搅拌溶解（不溶性杂质沉于底部）。

(2) 除去 SO_4^{2-}。加热食盐水溶液至沸腾，边搅拌边逐滴加入约 2 mL 1 mol/L $BaCl_2$ 溶液，继续加热 5 min，使沉淀小颗粒长成大颗粒而易于沉降。将烧杯从石棉网上取下，待沉淀沉降后，在上层清液中再滴入 1 滴 $BaCl_2$ 溶液，如清液变浑浊，则要继续加 $BaCl_2$ 溶液以除去剩余的 SO_4^{2-}。如清液不变浑浊，证明 SO_4^{2-} 已除尽。再用小火加热 3～5 min，以使沉淀颗粒进一步长大而便于过滤。用普通漏斗过滤，保留滤液，弃去沉淀。

(3) 除去 Mg^{2+}、Ca^{2+} 和 Ba^{2+}。将所得滤液加热至近沸，边搅拌边逐滴加入约 3 mL 饱和 Na_2CO_3 溶液，按上述方法检验 Mg^{2+}、Ca^{2+} 和 Ba^{2+} 是否除尽，继续用小火加热煮沸 5 min，用普通漏斗过滤，保留滤液，弃去沉淀。

(4) 除去过量的 CO_3^{2-}。将滤液加热搅拌，再逐滴加入 6 mol/L HCl 溶液中和至溶液呈微酸性（pH＝4～5）。

(5) 浓缩、结晶、减压过滤和干燥。将溶液放在电炉上用小火加热，蒸发浓缩到溶液呈稀糊状为止，切不可将溶液蒸干，将浓缩液冷却至室温。用布氏漏斗减压抽滤，尽量抽干，再将晶体转移到蒸发皿中，放在石棉网上，用电炉小火烘干。冷却后称其质量，计算产率。

2. 产品纯度的检验

称取粗盐和提纯后的精盐各 1 g，分别溶于 5 mL 去离子水中，然后各分装于两支试管中，对下列离子进行定性检验。

(1) SO_4^{2-} 检验。各取 5 滴溶液于两支试管中，分别加入 2 滴 6 mol/L HCl 溶液和 2 滴 1 mol/L $BaCl_2$ 溶液。比较两支试管中溶液产生沉淀的情况。

(2) Ca^{2+} 检验。各取 5 滴溶液于两支试管中，分别加入 2 滴 6 mol/L HAc 溶液和 2 滴饱和 $(NH_4)_2C_2O_4$ 溶液。比较两支试管中溶液产生沉淀的情况。

(3) Mg^{2+} 检验。各取 5 滴溶液于两支试管中，分别加入 2 滴 2 mol/L $NH_3 \cdot H_2O$ 溶液、2 滴 1 mol/L NH_4Cl 溶液和 2 滴 0.1 mol/L Na_2HPO_4 溶液。比较两支试管中溶液产生沉淀的情况。

五、思考题

1. 检验产品纯度时，能否用自来水溶解食盐，为什么？

2. 本实验为什么要先加入 $BaCl_2$ 溶液，然后再加入饱和 Na_2CO_3 溶液，最后加入盐酸溶液？能否改变这样的加入次序？

3. 蒸发前为什么要用盐酸将溶液的 pH 调至 4～5？调至中性或弱碱性行吗？

4. 蒸发浓缩时能否把溶液蒸干，为什么？

六、注意事项

1. 溶解粗盐不能用过多的去离子水，以防蒸发浓缩时间过长。

2. 用普通漏斗过滤时尽量趁热过滤。

3. 用布氏漏斗减压抽滤时，可用双层滤纸以防止滤纸抽破。

4. 最后用电炉小火烘干产品，应烘炒至无白烟冒出。

第六章　趣味化学

化学实验能够引起学生的认知兴趣，如果把实验作趣味化处理，则更能引起学生的兴趣，产生强烈的学习动机。按照教学由浅入深的原则，趣味实验可分为观察性趣味实验、操作性趣味实验、探索性趣味实验和创造性趣味实验。从趣味实验的应用范围来看，是十分广泛的。化学实验的趣味化活动，使学生的思维更加活跃，手脑并用的能力更强，创新意识和创造精神得到充分发挥。

实验二十五　茶水－墨水－茶水

一、实验目的

观察 Fe^{2+}、Fe^{3+} 在茶水中颜色的变化。

二、实验原理

这是一个非常有趣的化学反应。事先在玻璃棒的一端蘸上硫酸亚铁粉末，另一端蘸上草酸粉末。茶水里含有大量的单宁酸，当单宁酸遇到硫酸亚铁里的亚铁离子后立刻生成性质不稳定的单宁酸亚铁，单宁酸亚铁很快被氧化生成单宁酸铁的配位物而呈蓝墨水，从而使茶水变成了"墨水"。草酸具有还原性，将三价的铁离子还原成二价的铁离子，因此，溶液的蓝墨水又消失了，重新显现出茶水的颜色。

三、仪器、药品及材料

仪器：50 mL 烧杯、玻璃棒。
药品：硫酸亚铁（固体）、草酸（固体）。
材料：茶水、毛笔、白纸。

四、实验步骤和结果记录

实验步骤	现象	结论和解释
1. 取一杯棕黄色的茶水，用玻璃棒一端（硫酸亚铁）在茶水中搅动一下，大喊一声"变"，观察现象。	此时，茶水立刻变成了_____。	

续表

实验步骤	现象	结论和解释
2. 用毛笔蘸点（或用钢笔吸）上述墨水在白纸上写字。	效果与购买的墨水是否一样? _____。	
3. 将玻璃棒的另一端（草酸）在墨水杯里搅动一下，大喊一声"变"，观察现象。	刚刚变成的_____又变成了原来的_____。	

五、思考题

在生活中经常会遇到这种现象，当你用水果刀切削尚未成熟的水果时，常常看到水果刀口处出现蓝色，是水果刀不洁净造成的吗？如不是，请说出其中的道理。

六、注意事项

草酸有毒。蘸过草酸的茶水颜色跟真的茶水一样，但已经不是真正的茶水，绝不可饮用。

实验二十六　彩色温度计的制作

一、实验目的

了解氯化钴的特性。

二、实验原理

钴的水合物在加热逐步失水时，会呈现不同的颜色，因此可以根据温度的变化而呈现的颜色变化做成温度计。

三、仪器、药品及材料

仪器：试管、试管架、试管夹、酒精灯、药匙。
药品：氯化钴（$CoCl_2 \cdot 6H_2O$，固体）、95％乙醇。
材料：打火机。

四、实验步骤和结果记录

实验步骤	现象	结论和解释
1. 试管中加入 1 mL95％乙醇和少量红色氯化钴晶体，振荡使其溶解，观察现象。	试管中溶液呈_____色。	
2. 加热试管，随着温度升高，观察现象。最后用塞子把试管塞紧，这就是一只彩色温度计。	试管中溶液呈_____色。	
3. 降低温度。	试管中液体的颜色会由_____色变成_____色。	
4. 升高温度。	试管中液体的颜色会由_____色变成_____色。	
5. 根据颜色的变化，就可以判断温度的升降。		

五、思考题

温度计的原理是什么？为什么酒精温度计比水银温度计更常用？

六、注意事项

液体加热时试管中所盛液体的量，不应超过试管高度的1/3。试管夹应夹住试管的中上部，加热时试管口不能对着自己或别人，以免液体迸溅，造成烫伤。

【知识拓展】

同样可以利用二氯化钴来自制一只晴雨计。把一条纸片浸在二氯化钴溶液中，在干燥的天气里，把纸片取出来晾干。当纸片中的水分蒸发干以后，纸片呈蓝色。这纸片就是一只晴雨计。你把它挂在宿舍墙上，下雨前空气潮湿，纸片由于吸收了空气中的水分，二氯化钴的颜色由蓝转红，这就是说，天可能要下雨了；相反，如果纸片保持蓝色，说明空气很干燥，天气晴朗。

实验二十七　魔 棒 点 灯

一、实验目的

探索魔棒点灯的原理。

二、实验原理

高锰酸钾与浓硫酸反应生成绿色油状的氧化性很强的高锰酸酐 Mn_2O_7，Mn_2O_7 和易燃物酒精剧烈反应并放出大量热，使温度迅速升高达到酒精的着火点而点燃酒精灯。

$$2KMnO_4(s) + H_2SO_4(浓) === K_2SO_4 + H_2O + Mn_2O_7(绿)$$

三、仪器、药品及材料

仪器：玻璃棒、药匙、表面皿、酒精灯。
药品：浓硫酸、高锰酸钾（固体）。
材料：滤纸。

四、实验步骤和结果记录

实验步骤	现象	结论和解释
1. 取少量研细的高锰酸钾晶体放在表面皿里，滴入 1～2 滴浓硫酸，用玻璃棒轻轻搅拌均匀后备用。		
2. 取一根玻璃棒，蘸取上述糊状物少许，用蘸药的一端去接触酒精灯芯，观察现象。	酒精灯芯便能_____。	

五、思考题

为何高锰酸钾和浓硫酸反应能点燃酒精灯？

六、注意事项

1. 药品现用现配，不可久置。未用完的残余物用水冲掉。沾在玻璃棒上的糊状物绝不能直接用滤纸或抹布擦拭，以免起火，应先用自来水冲洗再用滤纸擦干备用。处理高锰酸钾和浓硫酸的混合物时，切忌触及衣服或皮肤。

2. 高锰酸钾和浓硫酸这两种化学药品均属强氧化剂，混合反应后产生高锰酸酐 Mn_2O_7，高锰酸酐是更强的氧化剂，也是一种极不稳定的易爆化学物质，外界震动与导热后极易产生爆炸，尤其是量多的时候危险更大。所以做该实验时一定要注意安全。

3. 浓硫酸具有强腐蚀性。

4. 中间产物 Mn_2O_7 会分解为 MnO_2 和氧气，所以必须控制好实验条件才能制备得到 Mn_2O_7。

实验二十八　鸡蛋潜水

一、实验目的

明白水的浮力和比重的关系。

二、实验原理

水中的盐分超过 30% 时，盐水比淡水的比重大。盐水的比重越大，浮力就越大，水的比重越小，浮力也就越小，所以鸡蛋就会自然而然地浮起。

三、仪器、药品及材料

仪器：200 mL 烧杯、玻璃棒、药匙。
药品：食盐。
材料：鸡蛋。

四、实验步骤和结果记录

实验步骤	现象	结论和解释
1. 在 200 mL 烧杯里接大半杯水，把一枚鸡蛋放到杯里。	鸡蛋立刻_____，水位边_____。	
2. 用药匙往杯里加盐，用玻璃棒搅匀。	鸡蛋_____变化。	

续表

实验步骤	现象	结论和解释
3. 再往里面加盐，用玻璃棒搅匀。	鸡蛋_____水的中间。	
4. 继续往水里加点盐并搅拌一下。	鸡蛋又往上_____一点点。	
5. 随着盐的不断加入。	鸡蛋终于_____水面上。	

五、思考题

1. 说说鸡蛋还有哪些趣味实验？
2. 怎样辨别生鸡蛋和熟鸡蛋？

六、注意事项

鸡蛋易碎，轻拿轻放。

【知识拓展】

1) 鸡蛋的比重约为 1.07 g/mL，而清水的比重为 1.0 g/mL。当鸡蛋浸入清水中时，受到的重力大于浮力，鸡蛋会下沉。当鸡蛋浸入盐水中时，由于盐水的比重比鸡蛋的比重大，鸡蛋受到的重力小于浮力，鸡蛋会冒出水面。

2) 同样可以把萝卜刻成一条小鱼的形状，用彩色的塑料纸做鱼鳍和鱼眼睛，把它放在一半是清水一半是浓盐水的杯子里，萝卜鱼就会悬浮在水中，那情景是很有趣的，不妨一试。

3) 西亚那边有一片叫"死海"的内海，那里的盐分非常大，没有任何生物可以生存，同时浮力也很大，人可以自然地躺在水面看报纸而不会下沉，好像躺在床垫上一样。

实验二十九　喷雾作画

一、实验目的

了解 Fe^{3+} 的特性。

二、实验原理

三氯化铁（FeCl₃）溶液遇到硫氰化钾（KSCN）溶液显血红色，遇到亚铁氰化钾（$K_4[Fe(CN)_6]$）溶液显蓝色，遇到铁氰化钾（$K_3[Fe(CN)_6]$）溶液显绿褐色，遇到苯酚溶液显紫色。$FeCl_3$ 溶液喷在白纸上显黄色。

三、仪器、药品及材料

仪器：喷雾器、镊子、瓷盘。

药品：三氯化铁溶液、硫氰化钾溶液、亚铁氰化钾溶液、铁氰化钾溶液、苯酚溶液。

材料：白纸、毛笔。

四、实验步骤和结果记录

实验步骤	现象	结论和解释
1. 用贴有标签的毛笔分别蘸取硫氰化钾溶液、亚铁氰化溶液、铁氰化钾溶液和苯酚溶液在白纸上绘画。	硫氰化钾溶液在白纸上显_____色； 亚铁氰化钾溶液在白纸上显_____色； 铁氰化钾溶液在白纸上显_____色； 苯酚溶液在白纸上显_____色。	
2. 用镊子夹住白纸晾干，放在瓷盘上。		
3. 用装有 $FeCl_3$ 溶液的喷雾器在绘有图画的白纸上喷上 $FeCl_3$ 溶液。	白纸上的图画变成_____的图画。	

五、思考题

找一张吸水性好的白纸，用酚酞溶液在纸上写字或作画，待字迹稍干，字、画就难以辨认。你有什么办法使白纸上的字或图画显现出来吗？请写出操作过程及原理。

六、注意事项

每支毛笔都贴有蘸取硫氰化钾溶液、亚铁氰化钾溶液、铁氰化钾溶液和苯酚溶液的标签，一定要用贴有该种溶液标签的毛笔蘸取该种溶液，千万不能混淆。

实验三十 指纹鉴定

一、实验目的

学会鉴定指纹的方法。

二、实验原理

碘熏法是实际应用中十分常见的一种方法，利用碘单质受热时会升华变成碘蒸气，碘蒸气能溶解在手指上的油脂和汗垢等分泌物中，并形成棕色指纹印迹。此方法常用于纸张、浅色较光滑墙壁、木制或竹制家具等接触面材质上的指纹显影。

三、仪器、药品及材料

仪器：试管、药匙、酒精灯。
药品：碘、凡士林（或擦手油）。
材料：白纸、剪刀。

四、实验步骤和结果记录

实验步骤	现象	注意事项
1. 取一张干净、光滑的白纸，剪成长约 4 cm，宽不超过试管直径的纸条。		
2. 在你的手指上涂一层极薄的凡士林或擦手油，然后让手指在一张白纸上压一下，你的指纹就会留在这张纸上。	当然你＿＿＿＿＿纸上有什么痕迹。	只要轻轻一抹即可，切不可抹得太多。

续表

实验步骤	现象	注意事项
3. 用药匙取芝麻粒大的一粒碘放入一支干燥的小试管中，放在酒精灯火焰上方微热一下。	产生_____的碘蒸气后立即停止加热。	产生碘蒸气即可，千万不能长时间的加热。
4. 让刚才那张按过手指纹的白纸与碘蒸气接触，观察纸条上显示的你的指纹印迹。	你_____纸上有指纹印迹。	摁有手印的一面不要贴在试管壁上。

五、思考题

做完指纹鉴定实验以后，请你说说指纹是怎样显现出来的。

六、注意事项

1. 手指上的油不可太多，只要轻轻地抹上一薄层就行，切不可在指纹的缝隙内也抹上油。

2. 吸附在纸上的碘蒸气不宜太多，只要能看到出现指纹就可以了。薰的时间太久，碘结晶会逐渐长大，反而会把指纹掩盖起来。

【知识拓展】

指纹鉴定技术是一个很大的讨论不完的话题，以下粗浅讲解，旨在普及指纹鉴定知识，没有深入地讨论。

1）指纹不会随着人的成长而发生变化，这是鉴定人们身份的重要依据。从小到大，人手指头的纹线肯定会有量变，会由细变粗，由浅到深。翻开手看看，每个人和每个人的指纹纹路都不一样，终生不变。指纹是手指皮肤上特有的花纹，由皮肤上的隆起线构成。这些隆起线的起点、终点、分叉和结合被称为细节特征点。隆起线的这种细节特征有无数种排列，因此，每个人的指纹甚至一个指纹的每条隆起线都是独特的。一个人的指纹永远也不会与另一个人的相同，即使手指受伤、植皮或破坏了真皮，指纹也能完全恢复，也不能掩盖个人的身份信息。指纹可以识别也可以分类。人的生活方式如年龄、生活区域、吸烟、药物和用什么化妆品等，都可以通过指纹反映出来。

2）一个人指纹的特殊性，如纹形、纹线组合、细节特征、具体形态及其组合，从出生到去世，在正常情况下都不发生质的变化。指纹皮肤在正常的新陈代谢中其特殊性也不会变化。即使在死亡后，在真皮层没有腐蚀的情况下，指纹仍保持其特殊性不变。只有当外伤、病变等，伤到真皮层以下的部分才会发生变化。但是伤口愈合后，形成新的指纹纹路特征也是终生不变的，因为根据基因最初设定的版本，它会一成不变地复制下去。

3）指纹是如何形成的：当胎儿在母体内发育 3~4 个月时，指纹就已经形成，但儿童在成长期间指纹会略有改变，直到青春期 14 岁左右时才会定型。在皮肤发育过程中，虽然表皮、真皮，以及基质层都在共同成长，但柔软的皮下组织长得比相对坚硬的表皮快，因此会对表皮产生源源不断的上顶压力，迫使长得较慢的表皮向内层组织收缩塌陷，逐渐变弯打皱，以减轻皮下组织施加给它的压力。如此一来，一方面使劲向上攻，另一方面被迫往下撤，导致表皮长得曲曲弯弯、坑洼不平，形成纹路。这种变弯打皱的过程随着内层组织产生的上层压力的变化而波动起伏，形成凹凸不平的脊纹或皱褶，直到发育过程终止，最终定型为至死不变的指纹。

4）指纹是每个人的特征，但是在许多东西上留下的指纹并不会产生什么痕迹。下面介绍四种很简便的显示指纹的方法：①碘蒸气法。用碘蒸气熏，由于碘能溶解在指纹印上的油脂之中，而能显示指纹。这种方法能检测出数月之前的指纹。②硝酸银溶液法。向指纹印上喷硝酸银溶液，指纹印上的氯化钠就会转化成氯化银不溶物。经过日光照射，氯化银分解出银细粒显示出棕黑色的指纹，这是刑侦中常用方法，可检测出更长时间之前的指纹。③有机显色法。指纹印中含有多种氨基酸成分，用二氢茚三酮试剂，因它能与氨基酸反应产生紫色物质，就能检测出指纹。这种方法可检测出一二年前的指纹。④激光检测法。用激光照射指纹印显示出指纹。这种方法可检测出长达五年前的指纹。

实验三十一　吹气生火

一、实验目的

了解 Na_2O_2 的性质。

二、实验原理

Na_2O_2 与二氧化碳反应产生氧气并放出大量的热，使棉花着火燃烧。

三、仪器、药品及材料

仪器：玻璃棒、蒸发皿、镊子、细长玻璃管。

药品：Na_2O_2。

材料：脱脂棉。

四、实验步骤和结果记录

实验步骤	现象	结论和解释
1. 把少量 Na_2O_2 粉末平铺在薄层脱脂棉上,用玻璃棒轻轻压拨,使 Na_2O_2 进入脱脂棉中。	现象为_____。	原因是 Na_2O_2 与呼出的二氧化碳反应,生成了_____,并放出大量的_____。
2. 用镊子将带有 Na_2O_2 的脱脂棉轻轻卷好,放入蒸发皿中。		化学方程式:_____。
3. 用细长玻璃管向脱脂棉缓缓吹气,观察现象。		

五、思考题

怎样制备试剂 Na_2O_2?

六、注意事项

1. 取 Na_2O_2 试剂时切不可多取,取黄豆粒大小即可,再在脱脂棉上均匀地铺好。

2. Na_2O_2 具有较强的腐蚀性,直接接触皮肤可引起灼伤,误服可造成消化道灼伤,其粉尘会刺激眼和呼吸道。

3. Na_2O_2 包在纸里遇水燃烧,实验时一定要注意安全。

【知识拓展】

1) Na_2O_2 性质:过氧化钠也叫双氧化钠或二氧化钠,纯的 Na_2O_2 为白色固体粉末,因常含有超氧化钠而显淡黄色。在空气中易吸收水分和二氧化碳。Na_2O_2 不属于碱性氧化物,属于过氧化物,但也可与 CO_2、酸反应,反应过程中均有 O_2 放出。

2) Na_2O_2 用途:①漂白剂。其水溶液可脱色而具有漂白性。②可作供氧剂。根据这一性质,可将它用在矿山、坑道、潜水或宇宙飞船等缺氧场合,将人们呼出的 CO_2 转换成 O_2,以供呼吸之用。③工业上可用于防腐剂、杀菌剂和除臭剂。

3) Na_2O_2 具有强氧化性,能与有机物、易燃物或易氧化的物质形成爆炸性混合物,经摩擦或与少量水接触可导致燃烧或爆炸。与硫磺、酸性腐蚀液接触时,能发生燃烧或爆炸。在熔融状态时遇到棉花、炭粉、铝粉等还原性物质会发生爆炸。遇潮气、酸类会分解并放出氧气而助燃。急剧加热时可发生爆炸。因此存放和使用时一定要注意安全。

实验三十二　蓝色振荡实验

一、实验目的

观察亚甲基蓝和亚甲基白在不同条件下的相互转化。

二、实验原理

亚甲基蓝为暗绿色晶体或粉末，其水溶液呈蓝色。亚甲基蓝在碱性溶液中被葡萄糖还原为无色亚甲基白，颜色消失。亚甲基白易被空气中的氧气氧化成亚甲基蓝，从而溶液又呈蓝色。静置溶液有部分溶解的氧气逸出，亚甲基蓝又被葡萄糖还原为亚甲基白。若重复振荡和静置溶液，其颜色交替出现蓝色→无色→蓝色→无色……的现象，即称为亚甲基蓝的化学振荡。这是反应体系交替发生还原与氧化反应的结果。由蓝色出现至变成无色所需要的时间是振荡周期，振荡周期长短受反应条件如溶液的酸碱度、反应物浓度和温度等因素影响。

三、仪器、药品及材料

仪器：台秤、100 mL 碘量瓶、50 mL 量筒。
药品：NaOH（固体）、葡萄糖（固体）、亚甲基蓝（固体）。
材料：药匙、称量纸。

四、实验步骤和结果记录

实验步骤	现象	结论和解释
1. 称取 2 g NaOH 和 3 g 葡萄糖于 100 mL 碘量瓶中，再向其中加入 50 mL 蒸馏水，振荡使 NaOH 和葡萄糖溶解。		
2. 用药匙取芝麻粒大小的亚甲基蓝加入碘量瓶中，振荡使其溶解。	溶液呈_____。	
3. 将碘量瓶瓶塞塞上，静置片刻。	可见_____。	说明亚甲基蓝被还原为_____。
4. 打开瓶塞，振荡溶液，溶液又变蓝色。重复操作，使蓝色消失又重现。		

五、思考题

蓝色振荡实验做完后，在溶液中再叠加酚酞指示剂，请详细描述你所观察到的颜色变化现象。

六、注意事项

1. 溶液颜色变化可持续维持。直到溶液中葡萄糖被完全氧化后，溶液的蓝色将不再褪去。

2. 所加亚甲基蓝不宜太多，太多褪色困难，且一次褪色消耗的葡萄糖也多，实验效果不好，一般亚甲基蓝使溶液呈蓝色即可。

3. 褪色过程中要塞上碘量瓶塞，以免空气进入瓶中。在颜色恢复过程中要打开瓶塞，让空气进入。

4. NaOH 的用量太多会导致葡萄糖在强碱性条件下分解为醛，醛又聚合生成树脂状物质，最终溶液变黄失效。

【知识拓展】

1）振荡后出现的蓝色主要与 O_2 有关，蓝色消失又与葡萄糖有关。

2）由于该实验过程中包含的是一种热力学平衡，在 2～3h 后这个实验现象就完全消失，此时已达到了极限状态。若再叠加其他指示剂，如酚酞试液，还可以观察到更加有趣的颜色变化现象。

实验三十三　建造"水中花园"

一、实验目的

了解大多数硅酸盐难溶于水。

二、实验原理

金属的硅酸盐多数难溶或微溶，过渡金属的硅酸盐呈现不同的颜色。当一些金属盐的晶体投入到 Na_2SiO_3 溶液中时，立即在晶体表面形成一层难溶的硅酸盐膜，此膜具有半透膜性质，溶液中的水靠渗透压穿过膜进入晶体内部，使金属盐溶解就会撑破硅酸盐膜，当盐溶液一遇到 Na_2SiO_3 又立即在晶体表面上形成一层难溶的硅酸盐膜。这一过程不断地重复，就像植物不断地生长起来一样，从而长出颜色各异的"石笋"，宛如一座漂亮的"水中花园"。

三、仪器、药品及材料

仪器：50 mL 烧杯、50 mL 量筒。

药品：20%Na_2SiO_3、$MnSO_4$（固体）、$CuSO_4 \cdot 5H_2O$（固体）、$ZnSO_4 \cdot 7H_2O$（固体）、$Fe_2(SO_4)_3$（固体）、$Co(NO_3)_2 \cdot 6H_2O$（固体）、$NiSO_4 \cdot 7H_2O$（固体）。

材料：药匙。

四、实验步骤和结果记录

实验步骤	现象	注意事项
1. 在 50 mL 烧杯中加入约 30 mL 20%的 Na_2SiO_3 溶液。		
2. 分散加入 $MnSO_4$、$CuSO_4 \cdot 5H_2O$、$ZnSO_4 \cdot 7H_2O$、$Fe_2(SO_4)_3$、$Co(NO_3)_2 \cdot 6H_2O$ 和 $NiSO_4 \cdot 7H_2O$ 晶体各一小粒。		晶体要分开放。
3. 静置 1～2h 后观察"石笋"的生成和颜色。	现象为_____。	在景观生成过程中，不要挪动烧杯，以免破坏景观。

五、思考题

在"水中花园"实验中，能否用水代替 20%的 Na_2SiO_3 溶液？为什么？

六、注意事项

1. $MnSO_4$、$CuSO_4 \cdot 5H_2O$、$ZnSO_4 \cdot 7H_2O$、$Fe_2(SO_4)_3$、$Co(NO_3)_2 \cdot 6H_2O$ 和 $NiSO_4 \cdot 7H_2O$ 要分开放，而且在景观生成过程中，不要挪动烧杯，以免破坏景观。

2. 实验完毕，立即洗净烧杯，以免溶液腐蚀烧杯。

【知识拓展】

枯燥的化学实验也可以做得很精彩，"栽培""水中花园"长生不老的秘密。取一个大烧杯或小型鱼缸，在底部铺上厚度为 5mm 左右经水洗过的砂子，再倒入 20%的 Na_2SiO_3 溶液，深度约 10cm。取 $MnSO_4$、$CuSO_4 \cdot 5H_2O$、$ZnSO_4 \cdot 7H_2O$、$Fe_2(SO_4)_3$、$Co(NO_3)_2 \cdot 6H_2O$ 和 $NiSO_4 \cdot 7H_2O$ 晶体绿豆粒大小各一粒，分散地投入 Na_2SiO_3 溶液中，静置几分钟后，这些晶体就开始长出约 5mm 长的各色芽状物，随着时间推移这些枝芽不断地向上生长，长出好多丝状分支。投入的盐的晶体逐渐生出肉色、蓝白色、白色、黄色、紫红色、绿色的芽状、树状"花草"，鲜艳美丽，整个水下成为绚丽多彩的"植物园"，故有"水中花园"之称。一天以后，用虹吸法抽出 Na_2SiO_3 溶液，沿瓶壁缓缓注入清水，这些"花草树木"并不溶解，它们在清水中显得更加美丽，而且"万年长青"。

实验三十四　　自制酸碱指示剂

一、实验目的

学会自制酸碱指示剂。

二、实验原理

许多植物的花、果、茎、叶中都含有色素，这些色素在酸性溶液或碱性溶液里显示不同的颜色，可以作为酸碱指示剂，来分辨溶液酸碱性。

三、仪器、药品及材料

仪器：研钵、5 mL 量筒、50 mL 烧杯、胶头滴管、点滴板、漏斗、试管、试管架。

药品：(1＋1)酒精溶液、0.10 mol/L HCl 溶液、0.10 mol/L NaOH 溶液。

材料：纱布、花瓣、植物叶子、萝卜。

四、实验步骤和结果记录

实验步骤	现象	结论和解释
1. 取一些花瓣、植物叶子和萝卜，分别在研钵中捣烂研碎后，各加入5 mL(1＋1)酒精溶液，继续研磨使植物细胞中的液体溶解到酒精中。		
2. 分别用多层纱布过滤，将滤液分别是花瓣色素、植物叶子色素和萝卜色素的酒精溶液放入小烧杯中，而后分别转入试管或小试剂瓶中，并贴上标签，记录原色。	花瓣色素的酒精溶液显_____色； 植物叶子色素的酒精溶液显_____色； 萝卜色素的酒精溶液显_____色。	

续表

实验步骤	现象	结论和解释
3. 在白色点滴板的三个孔穴中各滴入 2 滴 0.10 mol/L HCl 溶液、2 滴 0.10 mol/L NaOH 溶液和 2 滴蒸馏水，再分别滴入 3 滴花瓣色素的酒精溶液，观察现象并记录。	花瓣色素的酒精溶液在稀盐酸溶液中显_____色； 在稀氢氧化钠溶液中显_____色； 在蒸馏水中显_____色。	
4. 用植物叶子色素的酒精溶液和萝卜色素的酒精溶液代替花瓣色素的酒精溶液重复上述实验，观察现象并记录。	它们在稀盐酸溶液中分别显_____色、_____色； 在稀氢氧化钠溶液中分别显_____色、_____色； 在蒸馏水中分别显_____色、_____色。	

五、思考题

请你说出判断溶液酸碱性的几种方法。

六、注意事项

1. 任何一种植物，它体内均有一种特定的生物碱存在，我们可利用植物的这一特性，用它的花或叶来制作一些酸碱指示剂。月季花、菊花、喇叭花、丝瓜花、一串红、牵牛花、凤仙花、三叶草、紫甘蓝等浸出液在酸性溶液或碱性溶液里会明显地显示不同的颜色。只要把这些花或叶切碎捣烂，用酒精浸制，所得浸泡液即可作为酸碱指示剂，且效果大部分相同，即碱性显绿色或黄色，酸性显红色。自然界中红色、绿色和黄色的花最多见，原因就在于此。

2. 萝卜：红萝卜、胡萝卜和北京心里美萝卜均可。

【知识拓展】

1) 红萝卜皮：刮下红萝卜的红皮，用 95% 酒精浸泡一天左右，过滤后取其滤液。按检验的需要制作 pH=1～14 的标准溶液若干个。每个标准溶液取 10 mL，分别加入试管中，各试管中加入红萝卜皮浸泡液（即酸碱指示剂）10 滴，用橡皮塞塞紧，作为标准样品。在测定某溶液的酸碱度时，加入上述红萝卜皮指示剂，当发生颜色变化时，与上述制得的标准样品的颜色进行比较，就能确定待测溶液的 pH 大致范围。红萝卜皮浸泡液实测的结果是：pH<6 时显红色；pH＝6～8 时显紫红色；pH＝8～10 时显绿色；pH>10 时显黄色。

2）紫色卷心菜：紫色卷心菜切碎后放在大烧杯中，加水浸没一半菜叶，加热煮沸10 分钟，并不断搅拌菜叶。过滤后得到的紫色卷心菜滤汁也可作为酸碱指示剂。使用时可参照上述操作方法，先制几个标准 pH 样品，用于不同 pH 的检验。也可把滤纸剪成条状，浸在紫色卷心菜滤汁内，浸透后取出晾干，再次浸泡、晾干，得到自制的 pH 试纸。该指示剂的显色情况为：pH<3 时显红色；pH＝3～5 时显浅紫色；pH＝6～7 时显蓝色；pH＝8～9 时显青绿色；pH＝10～12 时显绿色；pH>13 时显黄色。

附　　录

附录一　元素的相对原子质量

序数	元素名称	符号	相对原子质量	序数	元素名称	符号	相对原子质量	序数	元素名称	符号	相对原子质量
1	氢	H	1.0079	40	锆	Zr	91.22	79	金	Au	197.0
2	氦	He	4.003	41	铌	Nb	92.91	80	汞	Hg	200.6
3	锂	Li	6.941	42	钼	Mo	95.96	81	铊	Tl	204.38
4	铍	Be	9.012	43	锝	Tc	[97.91]	82	铅	Pb	207.2
5	硼	B	10.81	44	钌	Ru	101.1	83	铋	Bi	209.0
6	碳	C	12.02	45	铑	Rh	102.9	84	钋	Po	[209]
7	氮	N	14.01	46	钯	Pd	106.4	85	砹	At	[210]
8	氧	O	16.00	47	银	Ag	107.9	86	氡	Rn	[222]
9	氟	F	19.00	48	镉	Cd	112.4	87	钫	Fr	[223]
10	氖	Ne	20.18	49	铟	In	114.8	88	镭	Ra	[226]
11	钠	Na	22.99	50	锡	Sn	118.7	89	锕	Ac	[227]
12	镁	Mg	24.31	51	锑	Sb	121.8	90	钍	Th	232.0
13	铝	Al	26.98	52	碲	Te	127.6	91	镤	Pa	231.0
14	硅	Si	28.09	53	碘	I	126.9	92	铀	U	238.0
15	磷	P	30.97	54	氙	Xe	131.3	93	镎	Np	[237]
16	硫	S	32.07	55	铯	Cs	132.9	94	钚	Pu	[244]
17	氯	Cl	35.45	56	钡	Ba	137.3	95	镅	Am	[243]
18	氩	Ar	39.95	57	镧	La	138.91	96	锔	Cm	[247]
19	钾	K	39.10	58	铈	Ce	140.12	97	锫	Bk	[247]
20	钙	Ca	40.08	59	镨	Pr	140.91	98	锎	Cf	[251]
21	钪	Sc	44.96	60	钕	Nd	144.24	99	锿	Es	[252]
22	钛	Ti	47.87	61	钷	Pm	[145]	100	镄	Fm	[257]
23	钒	V	50.94	62	钐	Sm	150.4	101	钔	Md	[258]
24	铬	Cr	52.00	63	铕	Eu	152.0	102	锘	No	[259]
25	锰	Mn	54.94	64	钆	Gd	157.3	103	铹	Lr	[262]
26	铁	Fe	55.85	65	铽	Tb	158.9	104	𬬻	Rf	[261]
27	钴	Co	58.93	66	镝	Dy	162.5	105	𬭊	Db	[262]
28	镍	Ni	58.69	67	钬	Ho	164.9	106	𬭳	Sg	[266]
29	铜	Cu	63.55	68	铒	Er	167.3	107	𬭛	Bh	[264]
30	锌	Zn	65.38	69	铥	Tm	168.9	108	𬭶	Hs	[277]
31	镓	Ga	69.72	70	镱	Yb	173.1	109	鿏	Mt	[268]
32	锗	Ge	72.63	71	镥	Lu	175.0	110	𫟼	Ds	[271]
33	砷	As	74.92	72	铪	Hf	178.5	111	𬬭	Rg	[272]
34	硒	Se	78.96	73	钽	Ta	180.9	112	鿔	Cn	[285]
35	溴	Br	79.90	74	钨	W	183.8	113		Uut	[284]
36	氪	Kr	83.80	75	铼	Re	186.2	114		Uuq	[289]
37	铷	Rb	85.47	76	锇	Os	190.2	115		Uup	[288]
38	锶	Sr	87.62	77	铱	Ir	192.2	116		Uuh	[292]
39	钇	Y	88.91	78	铂	Pt	195.1	117		Uus	[291]

本相对原子质量表按照原子序数排列。本表数据源自 2011 年 IUPAC 元素周期表（IUPAC 2011 standard atomic weights），以 $^{12}C=12$ 为标准。本表方括号内的原子质量为放射性元素的半衰期最长的同位素质量数。113～117 号元素数据未被IUPAC确定。

附录二　市售常用酸碱试剂的浓度和含量

试剂	密度/(g/mL)	浓度/(mol/L)	含量/%
浓硫酸	1.84	18	95～98
稀硫酸	1.12	2	17
浓硝酸	1.41	16	65～68
稀硝酸	1.07	2	12
浓盐酸	1.19	12	36～38
稀盐酸	1.03	2	7
浓磷酸	1.71	14.7	85
稀磷酸	1.05	1	9
浓高氯酸	1.75	11.6	70～72
稀高氯酸	1.12	2	19
冰乙酸	1.05	17.5	优级纯 99.8，分析纯 99.5，化学纯 99.0
稀乙酸	1.02	2	12
氢溴酸	1.38	7	40
氢碘酸	1.70	7.5	57
浓氢氟酸	1.13	23	40
浓氨水	0.88	14.8	25～28
稀氨水		2	3.5
浓氢氧化钠	1.44	14.4	41
稀氢氧化钠	1.09	2.2	8
氢氧化钙水溶液			0.15
氢氧化钡水溶液		0.1	2

附录三　常用仪器设备的使用方法

一、TG328B 半自动电光分析天平

准确称量物体的质量是化学实验中最基本的操作之一，在许多化学实验中，往往需要准确称量物体质量到 0.1 mg，这就需要选用精确度高的精密分析天平。电光天平是常用的一种分析天平，有半机械加码和全机械加码两种。TG328B 半自动电光分析天平如附图 1 所示。

（一）原理

杠杆原理：动力×动力臂＝阻力×阻力臂。对等臂天平而言，物体的质量＝砝码的质量。也就是天平平衡时，由已知质量的砝码来确定（衡量）被称物体的质量。TG328B 半自动电光分析天平的最大称量载荷为 200 g，可精确到 0.1 mg。

附图 1　TG328B 半自动电光分析天平

（二）主要构件

1. 天平梁：通常称为横梁，梁上有三个三棱形的玛瑙刀，刀与刀之间的距离为 7 cm，中间的刀口向下，用来支承天平梁，称为支点刀。左右两边刀口向上，用来悬挂秤盘，称为承重刀。玛瑙刀口的尖锐程度决定天平的灵敏度，直接影响称量的精确程度，所以使用天平时最重要的是注意保护天平的刀口。梁的两端装有两个平衡螺丝（调零点）、指针和重心球（调节天平灵敏度）。

2. 空气阻尼装置：也称速停装置，由内外相互罩合而不接触的阻尼内筒和阻尼外筒构成，它利用筒内空气的阻力产生的阻尼作用，阻止天平的摆动使其迅速地达到平衡。

3. 秤盘和砝码：天平有两个秤盘，左盘放被称物体，右盘放砝码。砝码盒内装有 1～100 g 砝码，其中有两个 20 g 的砝码（其质量有微小的差别），一个带"﹡"号，一个不带"﹡"号，称量时尽量取不带"﹡"号的那个砝码。10～990 mg，通过旋转指数盘自动增减圈形砝码，指数盘外圈 $0.x$ g 即小数点后第一位；指数盘内圈 $0.0x$ g 即小数点后第二位。10 mg 以下由投影屏读出，即小数点后第三位和第四位。

4. 升降旋钮：是控制天平工作状态和休止状态的旋钮，也称天平的开关，使用时左手掌心向上，向右轻轻转动升降旋钮，天平处于工作状态；向左轻轻转动升降旋钮，天平处于休止状态。

5. 光学投影屏：用来读取 10 mg 以下的读数（即小数点后第三和第四位的读数），记住投影屏的光带总是向着重的方向移动。

6. 微动调节杆：也称为拨杆，当天平零点（即空载平衡点）偏离零位时，可用拨杆微调到零位，在称量过程中不能再移动拨杆。

（三）使用方法

1. 调水平：检查天平是否水平，可观察天平立柱后的水准仪是否在水平位置。天平水平时，可观察到天平箱内水准仪的小圆珠在中间，哪边重，小圆珠就往哪边偏。应在教师指导下通过调节垫脚螺丝，使天平成水平位置。

2. 检查天平横梁、秤盘、吊耳的位置是否正常，转动升降旋钮，使梁轻轻落下，观察指针摆动是否正常，秤盘上若有灰尘，应用软毛刷轻轻拂净。

3. 检查砝码盒中砝码是否齐全，有无缺少，八个圈码所钩位置是否合适，有无脱落。

4. 调节天平零点。天平的零点即空载天平处于平衡状态时指针的位置。光学读数天平零点的测定：接通电源，轻轻地向右转动升降旋钮，慢慢地打开（启动）天平，天平在不载重的情况下，检查投影屏上的标尺位置。若零点不与投影屏上的标线重合，小范围可通过拨杆调节，挪动投影屏的位置，使其重合。若相差较大时通过天平梁上的平衡螺丝调节，以调节空载盘的位置。

5. 天平灵敏度的测定：天平的灵敏度（感量）是指在天平一个盘上多增加一个额外质量（一般是增加 1 mg）时天平梁的倾斜度。通常以指针偏移的格数来衡量，指针移的格数越多，则天平的灵敏度越高。天平的灵敏度很大程度上取决于天平梁上三个接触点的摩擦情况。三个玛瑙刀口的棱边越锋利，玛瑙平板越光滑，即它们之间摩擦力越小，天平的灵敏度就越高，所以，长期使用的天平灵敏度就会逐渐下降。此外，天平的负重不同，也会影响到它的灵敏度，通常灵敏度是随负重的增加而降低。一般灵敏度过低，会降低称量的准确度，若天平的灵敏度过高，又会使天平变得不稳定，增加摆动周期。

$$灵敏度 = \frac{指针偏移的格数}{1\ mg}$$

天平灵敏度的测定：调节天平的零点与投影屏上的标线重合，在天平盘上放一个校准过的 10 mg 砝码，再开动天平测定平衡点，标尺应移动 98～102 个小格，即在 9.8～10.2 mg 范围内，此时天平灵敏度符合要求，否则，应调节灵敏度。

6. 物体的称量：打开天平的侧门，将已在台秤天平上粗略称量过的物体放在左盘的中央，相当质量的砝码放在右盘的中央，关好两侧门。左手掌心向上慢慢地向右转动升降旋钮（注意刚开始称量时，升降旋钮不要开到底），观察投影屏上指针偏移情况，并根据指针偏移情况增减砝码，1 g 以上取砝码盒内的砝码，1 g 以下通过旋转指数盘自动加取，直到投影光屏上的刻线与标尺投影上某一读数重合并静止在 10 mg 内的读数为止（整个操作左手不离升降旋钮，右手不离操纵砝码）。加砝码的原则：由大到小加砝码，中间截取加圈码。

(1) 直接称量法：用一条干净的纸条拿取被称物放入天平的称量盘，然后去掉纸条，在砝码盘上加砝码，用砝码直接与被称物平衡，此时，砝码所标示的质量就等于被称物的质量。如烧杯、表面皿、坩埚等一般都采用直接称量法。

(2) 增量法（又称固定质量称量法）：将盛物容器放于天平的称量盘，在砝码盘上加适当的砝码使之平衡，得到盛物容器重 W_0，然后在砝码盘上添加与所称试样等重的砝码，用牛角勺取试样加于盛物容器中，直至天平达到平衡，此时，砝码总重 W，则称取的样品质量为 $W-W_0$。此法一般用来称量规定质量的试样（如基准物质），该称量操作的速度很慢，适于称量不易吸潮、在空气中能稳定存在的粉末状或小颗粒样品。

注意：若不慎加入试剂超过指定质量，应先关闭升降旋钮，用牛角勺取出并弃去多余试剂，千万不能放回原试剂瓶中，也不能将试剂散落于天平盘等容器以外的地方。重复上述操作，直至试剂质量符合指定要求为止。

（3）减量法（又称递减称量法）：将适量试样装入称量瓶中，用纸条缠住称量瓶放于天平托盘上，称得称量瓶及试样质量为 W_1，然后用纸条缠住称量瓶，从天平盘上取出，举放于容器上方，瓶口向下稍倾，用纸捏住称量瓶盖，轻敲瓶口上部，使试样慢慢落入容器中，当倾出的试样接近所需要的质量时，慢慢地将称量瓶竖起，再用称量瓶盖轻敲瓶口下部，使瓶口的试样集中到一起，盖好瓶盖，放回到天平盘上称量，得 W_2，两次称量之差就是试样的质量。如此继续进行，可称取多份试样。

第一份：试样重 $= W_1 - W_2 (g)$

第二份：试样重 $= W_2 - W_3 (g)$

第三份：试样重 $= W_3 - W_4 (g)$

此法一般用来连续称取几个试样，其量允许在一定范围内波动，也用于称取易吸湿、易氧化或易与二氧化碳反应的试样。

7. 完整、准确地将所称物体质量的数据记在记录本上。

8. 休止天平，取出物体和砝码，将指数盘还原。

9. 再次调节零点，在 2 小格以内，该称量精度在范围内，如在 5 格以上，需重新称量。

10. 关掉电源，罩上天平罩。最后登记天平使用的情况记录。

（四）注意事项

1. 天平在使用之前，先用软毛刷清扫天平。检查天平是否处于正常状态，天平是否水平，检查和调节天平的零点。

2. 开动或关闭天平要缓慢平稳，以免损坏玛瑙刀口。

3. 待称物不能直接放在天平盘上，而应放在干净的称量容器如表面皿、称量瓶、称量纸内。吸湿性强、易挥发和具有腐蚀性的样品须装在密闭容器中称量。

4. 称量时左手手心向上不离开升降旋钮，右手加减砝码或旋转指数盘自动加减圈形砝码。

5. 读数时关好天平门，门开着或关不严因空气对流，读数不精确。

6. 加减砝码或取放称量物时，一定要关掉天平，目的是保护刀口，因这时天平梁和盘托被托起，刀口与平板脱离，光源切断。

7. 天平的前门不能随意打开，整个称量过程中，取放物体或加减砝码，只能打开天平左右侧门，当两边质量接近时，必须在天平门完全关闭后，才能转动升降旋钮进行称量。

8. 待称物的质量不得超过该天平的最大负荷。

9. 加减砝码时，应轻轻转动砝码指数盘，防止砝码跳落、互相碰撞。

10. 被称物的温度和天平室温度应一致，不允许称量过热或过冷物品。

二、FA1604 型电子天平

电子天平是新一代天平，是根据电磁力平衡原理，直接称量，全量程不需砝码。放上称量物后，在几秒钟内即达到平衡，显示读数，称量速度快、精度高。电子天平的支承点用弹性簧片取代机械天平的玛瑙刀口，用差动变压器取代升降旋钮装置，用数字显示代替指针刻度式，因而具有使用寿命长、性能稳定、操作简便和灵敏度高的特点。此外，电子天平还具有自动校正、自动去皮、超载指示、故障报警等功能以及具有质量电信号输出功能，而且可与打印机、计算机联用进一步扩展其功能，如统计称量的最大值、最小值、平均值以及标准偏差等。由于电子天平具有机械天平无法比拟的优点，尽管其价格较贵，但越来越广泛地应用于各个领域并逐步取代机械天平。

附图 2　FA1604 型电子天平

电子天平按结构可分为上皿式和下皿式两种，秤盘在支架上面为上皿式，秤盘吊挂在支架下面为下皿式，目前，广泛使用的是上皿式电子天平。尽管电子天平种类繁多，但其使用方法大同小异，具体操作可参看各仪器的使用说明书。下面以上海天平仪器厂生产的 FA1604 型电子天平（160 g/0.1 mg）为例，如附图 2 所示，简单介绍电子天平的使用方法。

1. 水平调节。观察水平仪，如水平仪水泡偏移，需调整水平调节脚，使水泡位于水平仪中心。

2. 预热。接通电源，预热至规定时间后，开启显示器进行操作。

3. 开启显示器。轻按 ON 键，显示器全亮，约 2s 后，显示天平的型号，然后是称量模式 0.0000，读数时应关上天平门。

4. 天平基本模式的选定。天平一般为"通常情况"模式，并具有断电记忆功能。使用时若改为其他模式，使用后一经按 OFF 键，天平即恢复"通常情况"模式。称量单位的设置等可按说明书进行操作。

5. 校准。天平安装后、第一次使用前，应对天平进行校准。因存放时间较长、位置移动、环境变化或未获得精确测量，天平在使用前一般都应进行校准操作。FA1604 型电子天平采用外校准（有的电子天平具有内校准功能），由 TAR 键（清零）及 CAL（减）、100 g 校准砝码完成。

6. 称量。按 TAR 键，显示为零后，置称量物于秤盘上，待数字稳定（即显示器左下角的"0"标志消失）后，即可读出称量物的质量值。

7. 去皮称量。按 TAR 键清零，置容器于秤盘上，天平显示容器质量。再按 TAR 键，显示零，即去除皮重。再置称量物于容器中，或将称量物（粉末状物或液体）逐步加入容器中直至达到所需质量，待显示器左下角"0"消失，这时显示的是称量物的净质量。将秤盘上的所有物品拿开后，天平显示负值，按 TAR 键，天平显示 0.0000 g。若称量过程中秤盘上的总质量超过最大载荷（FA1604 型电子天平为 160 g）时，天平仅显示上部线段，此时应立即减小载荷。

8. 称量结束后，若较短时间内还使用天平（或其他同学还使用天平）一般不要按 OFF 键关闭显示器。实验全部结束后，关闭显示器，切断电源，若短时间内（例如 2h

内）还使用天平，可不必切断电源，再用时可省去预热时间。若当天不再使用天平，应
拔下电源插头。

三、pHS-3C 型酸度计

雷磁 pHS-3C 型精密酸度计又称为 pH 计，如附图 3 所示，其使用方法如下：

1. 打开电源开关，按"pH/mV"键，使仪器进入 pH 测量状态（pH 指示灯亮）。

2. 按"温度"按钮，调至并显示为溶液温度值（此时温度指示灯亮），然后按"确认"键，仪器确定溶液温度后回到 pH 测量状态。

3. 将用蒸馏水清洗过并吸干的 pH 复合电极插入 pH＝6.86 的 pH 标准缓冲溶液中，待读数稳定后按"定位"键（此时 pH 指示灯慢闪烁，表明仪器在定位标定状态）调至该温度下标准溶液的 pH，然后按"确认"键，使仪器回至 pH 测量状态（pH 指示灯停止闪烁）。

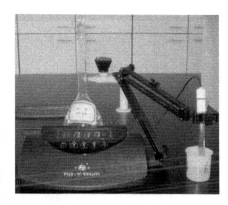

附图 3　pHS-3C 型酸度计

4. 将用蒸馏水清洗过并吸干的 pH 复合电极插入 pH＝4.00（或 pH＝9.18）的 pH 标准缓冲溶液中，待读数稳定后按"斜率"键（此时 pH 指示灯快闪烁，表明仪器在斜率标定状态）调至该温度下标准溶液的 pH 值，然后按"确认"键，使仪器回至 pH 测量状态（pH 指示灯停止闪烁），标定完成。

5. 用蒸馏水清洗电极并吸干后即可对被测溶液进行测量。

6. 如果被测溶液温度与标定溶液的温度不一致，用温度计测量出被测溶液的温度，然后按"温度"键，使仪器显示为被测溶液的温度值，然后再按"温度"键，即可对被测溶液进行测量。

7. pH 计标定错误后补救措施

（1）如果在标定过程中操作失误或按键按错而使仪器测量不正常，可关闭电源，然后按住"确认"键再开启电源，使仪器恢复初始状态，然后重新标定。

（2）标定后，"定位"键及"斜率"键不能再按。如果触动此键，此时仪器 pH 指示灯闪烁，这时不要按"确认"键，而是按"pH/mV"键，使仪器重新进入 pH 测量即可，无需再进行标定。

（3）标定的缓冲溶液一般第一次用 pH＝6.86 的溶液，第二次用接近被测溶液 pH 的缓冲溶液，如被测溶液为酸性时，缓冲溶液应选 pH＝4.00；如被测溶液为碱性时则选 pH＝9.18 的缓冲溶液。

四、721 型分光光度计

（一）原理：朗伯-比尔定律

光是一种电磁波，具有一定的波长和频率。可见光的波长范围在 400～760 nm，紫

外光为 200～400 nm，红外光为 760～500000 nm。可见光因波长不同呈现不同颜色，这些波长在一定范围内呈现不同颜色的光称单色光。太阳或钨丝等发出的白光是复合光，是各种单色光的混合光。利用棱镜可将白光分成按波长顺序排列的各种单色光，即红、橙、黄、绿、青、蓝、紫等，这就是光谱。有色物质溶液可选择性地吸收一部分可见光的能量而呈现不同颜色，而某些无色物质能特征性地选择紫外光或红外光的能量。物质吸收由光源发出的某些波长的光可形成吸收光谱，由于物质的分子结构不同，对光的吸收能力不同，因此每种物质都有特定的吸收光谱，而且在一定条件下其吸收程度与该物质的浓度成正比，分光光度法就是利用物质的这种吸收特征对不同物质进行定性或定量分析的方法。在比色分析中，当一束单色光照射溶液时，入射光强度愈强，溶液浓度愈大，液层厚度愈厚，溶液对光的吸收愈多，它们之间的关系，符合物质对光吸收的定量定律，即 Lambert-Beer 定律。这就是分光光度法用于物质定量分析的理论依据。

附图 4　721 型分光光度计

721 型分光光度计如附图 4 所示，它由光源、分光系统、测量系统和接收显示系统组成。光源灯由电子稳压装置供电；分光系统是仪器的核心，由狭缝、准直径和棱镜组成；测量系统由推拉架、比色皿架和暗箱组成；接收显示系统由光电管接收，经电子线路放大，再由电表指示。

（二）使用方法

1．仪器应放在坚固平稳的工作台上，室内保持干燥，无强光射入。

2．仪器未接电源前，电表指针必须置于"0"刻度线，否则需要旋动电表上的校正螺丝进行调节。

3．接通电源，打开仪器开关，掀开样品室暗箱盖，预热 15 分钟。

4．根据所需波长旋转波长调节器旋钮。

5．选择适当的灵敏度挡。灵敏度有五挡，是逐渐增加的，"1"挡最低，其选择的原则是：使空白溶液能调到透光率 100％ 的情况下，尽可能采用低灵敏度挡。因此测定时，首先调到"1"挡上，灵敏度不够时再逐渐升高，但换挡后，必须重调"0"和"100％"。

6．将空白液及测定液分别倒入比色皿 3/4 处，用擦镜纸擦净外壁，放入样品室内，使空白管对准光路。

7．打开比色皿暗箱盖，光路自动切断，调节零点调节器，使读数盘指针指向 T＝"0"处。

8．盖上暗箱盖，光路接通，调节"100％"调节器，使光 100％ 透过。

9．重复调节"0"和"100％"，待指针稳定后，轻轻拉动比色皿座架拉杆，使待测的有色溶液进入光路，此时表头指针所指示的即为该有色溶液的吸光度值。

10．比色测量完毕，关闭开关，拔下电源插头，取出比色皿洗净，放回原处，样品室用软布擦净，盖好比色皿暗箱盖，罩好仪器。

（三）注意事项

1. 比色皿一定要洗净；使用时不能拿透光面；放在比色皿架时，一定要放正，不能倾斜；使用完毕，及时洗净放回原处。

2. 仪器使用半年左右或搬动后，要校正波长。

3. 仪器在预热、间歇期间，要将比色皿暗箱盖打开，以防光电管受光时间过长而"疲劳"。

4. 仪器连续使用时间不宜超过 2 小时，最好是休息半小时后再使用。

五、DDS-307 型电导率仪

DDS-307 型电导率仪如附图 5 所示，它是实验室测量水溶液电导率必备的仪器，其使用方法如下。

（一）开机

1. 电源线插入仪器电源插座，仪器必须有良好接地。

2. 按电源开关，接通电源，预热 30 分钟后，进行校准。

（二）校准

仪器使用前必须校准。将"选择"开关量程选择开关旋钮指向"检查"，"常数"补偿调节旋钮指向"1"刻度线，"温度"补偿调节旋钮指向"25"度线，调节"校准"调节旋钮，使仪器显示 100.0 μS/cm，至此校准完毕。

附图 5　DDS-307 型电导率仪

（三）测量

1. 在电导率测量过程中，正确选择电导电极常数，对获得较高的测量精度是非常重要的。可配用的常数为 0.01、0.1、1.0、10 四种不同类型的电导电极。学生应根据测量范围参照附表 1 选择相应常数的电导电极。

附表 1　电导率测量中测量范围及电导电极参照表

测量范围/(μS/cm)	推荐使用电导常数的电极
0~2	0.01，0.1
2~200	0.1，1.0
200~2000	1.0
2000~20000	1.0，10
20000~200000	10

注：对常数为 1.0、10 类型的电导电极有"光亮"和"铂黑"两种形式，镀铂电极习惯称作铂黑电极，对光亮电极其测量范围为 0~300 μS/cm 为宜。

2. 电极常数的设置方法

目前电导电极的电极常数为 0.01、0.1、1.0、10 四种不同类型，但每种类型电极具体的电极常数值，制造厂均粘贴在每支电导电极上，根据电极上所标的电极常数值调节仪器面板"常数"补偿调节旋钮到相应的位置。

(1) 将量程选择开关旋钮指向"检查"，"温度"补偿调节旋钮指向"25"度线，调节"校准"调节旋钮，使仪器显示 100.0 $\mu S/cm$。

(2) 调节"常数"补偿调节旋钮使仪器显示值与电极上所标数值一致。

①电极常数为 0.01025 cm^{-1}，则调节常数补偿调节旋钮，使仪器显示值为 102.5。(测量值＝读数值×0.01)。

②电极常数为 0.1025 cm^{-1}，则调节常数补偿调节旋钮，使仪器显示值为 102.5。(测量值＝读数值×0.1)。

③电极常数为 1.025 cm^{-1}，则调节常数补偿调节旋钮，使仪器显示值为 102.5。(测量值＝读数值×1)。

④电极常数为 10.25 cm^{-1}，则调节常数补偿调节旋钮，使仪器显示值为 102.5。(测量值＝读数值×10)。

3. 温度补偿的设置

(1) 调节仪器面板上"温度"补偿调节旋钮，使其指向待测溶液的实际温度值，此时，测量得到的将是待测溶液经过温度补偿后折算为 25℃下的电导率值。

(2) 如果将"温度"补偿调节旋钮指向"25"刻度线，那么测量的将是待测溶液在该温度下未经补偿的原始电导率值。

4. 常数、温度补偿设置完毕，应把量程选择开关旋钮按附表 2 调置合适位置。在测量过程中，如显示值熄灭时，说明测量值超出量程范围，此时应切换量程选择开关旋钮至上一挡量程。

附表 2　量程选择开关旋钮调置

序号	选择开关位置	量程范围/($\mu S/cm$)	被测电导率/($\mu S/cm$)
1	Ⅰ	0～20.0	显示读数×C
2	Ⅱ	20.0～200.0	显示读数×C
3	Ⅲ	200.0～2000	显示读数×C
4	Ⅳ	2000～20000	显示读数×C

注：C 为电导电极常数值。

例：当电极常数为 0.01 时，C＝0.01；

当电极常数为 0.1 时，C＝0.1；

当电极常数为 1.0 时，C＝1.0；

当电极常数为 10 时，C＝10。

(四) 注意事项

1. 在测量高纯水时应避免污染，最好采用密封、流动的测量方式。

2. 因温度补偿系采用固定的 2% 的温度系数补偿的，故对高纯水测量尽量采用不补偿方式进行测量后查表。

3. 为确保测量精度，电极使用前应用小于 $0.5\ \mu S/cm$ 的蒸馏水（或去离子水）冲洗两次，然后再用被测试样冲洗三次方可测量。

4. 电极插头座绝对防止受潮，以造成不必要的测量误差。

5. 电极应定期进行常数标定。

六、SDC-Ⅱ 数字电位差综合测试仪

SDC-Ⅱ 数字电位差综合测试仪如附图 6 所示，首先用电源线将仪表后面板的电源插座与～220V 电源连接，打开电源开关（ON），预热 15 分钟再进入下一步操作。

（一）内标法为基准进行测量

1. 校验

（1）将"测量选择"旋钮置于"内标"。

（2）将"10^0"位旋钮置于"1"，"补偿"旋钮逆时针旋到底，其他旋钮均置"0"。此时，"电位指示"显示"1.00000"V。若显示小于"1.00000"V 可调节补偿电位器以达到显示"1.00000"V。若显示大于"1.00000"V 应适当减小"$10^0 \sim 10^{-4}$"旋钮，使显示小于

附图 6　SDC-Ⅱ 数字电位差综合测试仪

"1.00000"V 再调节补偿电位器以达到"1.00000"V。

（3）待"检零指示"显示数值稳定后，按 采零 键，此时，"检零指示"应显示"0000"。

2. 测量

（1）将"测量选择"置于"测量"。

（2）用测试线将被测电动势按"＋"、"－"极性与"测量插孔"连接。

（3）调节"$10^0 \sim 10^{-4}$"五个旋钮，使"检零指示"显示数值为负且绝对值最小。

（4）调节"补偿旋钮"，使"检零指示"显示为"0000"，此时，"电位显示"数值即为被测电动势的值。

注意：测量过程中，若"检零指示"显示溢出符号"OUL"说明"电位指示"显示的数值与被测电动势值相差过大。

（二）外标法为基准进行测量

1. 校验

（1）将已知电动势的标准电池按"＋"、"－"极性与"外标插孔"连接。

（2）将"测量选择"旋钮置于"外标"。

（3）调节"$10^0 \sim 10^{-4}$"五个旋钮和"补偿"旋钮，使"电位指示"显示的数值与外标电池数值相同。

（4）待"检零指示"数值稳定后，按 采零 键，此时，"检零指示"显示为"0000"。

2．测量

（1）拔出"外标插孔"的测试线，再用测试线将被测电动势按"＋"、"－"极性接入"测量插孔"。

（2）将"测量选择"置于"测量"。

（3）调节"$10^0 \sim 10^{-4}$"五个旋钮，使"检零指示"显示数值为负且绝对值最小。

（4）调节"补偿旋钮"，使"检零指示"显示为"0000"，此时，"电位显示"数值即为被测电动势的值。

最后关机，首先关闭电源开关（OFF），然后拔下电源线。

七、SWC-Ⅱ数字贝克曼温度计

（一）结构特点

数字贝克曼温度计是一种用来精密测量体系始态和终态温度变化差值的数字温度温差测量仪，面板如附图 7 所示。其功能是通过非线性传感器微变量测量补偿线路实现，

附图 7　SWC-Ⅱ数字贝克曼温度计面板图

该线路采用双恒流源、非线性传感器、固定电阻、高阻抗差动放大器组件和线性补偿电阻以及零调电位器组成。该温度温差测量仪解决了实验室的高精度温度温差测量，由于它具有测温度和测温差两种功能，因此在实验中可用它代替水银式贝克曼温度计。其主要特点如下：

1．测量精度高，测量范围广。水银式贝克曼温度计温度测量只可在$-20 \sim +120$℃使用，而数字贝克曼温度计可在$-50 \sim +150$℃使用，温度测量分辨率可以达到0.01℃；温差（相对温度）测量范围可以达到 199.99℃；温差测量分辨率为 0.001℃。

2．操作简单方便，安全可靠。可与微机直接结合完成温度、温差的检测、控制自动化。

（二）使用方法

1．操作实验前的准备

（1）将仪器后面板的电源线插入 220V 电源。

（2）检查探头编号（应与仪器后盖编号相符），并将其和后盖的"Rt"端子对应连接紧（槽口对准）。

（3）将探头插入被测物中深度应大于 50 mm，打开电源开关。

2．温度测量

（1）按面板"温度-温差"按钮，使仪器处于温度测量状态，此时温度计显示的温度值为待测物的实际温度（数值后有℃符号），读取该温度作为基温。

（2）按面板"测量-保持"按钮，使仪器处于测量状态（"测量"指示灯亮）。

（3）根据基温值，调节"基温选择"旋钮于适当的挡位。

3. 温差测量

（1）按面板"温度-温差"按钮，使仪器处于温差测量状态，此时温度计显示的温度值为贝克曼温度（数值后无℃符号），在此条件下可进行温差测量。

（2）按面板"测量-保持"按钮，使仪器处于测量状态（"测量"指示灯亮）。

（3）按待测物的实际温度调节"基温选择"旋钮于适当的挡位，使读数的绝对值尽可能小，例如，待测物的实际温度为 15℃左右，则将"基础温度选择"置于 20℃位置，此时显示器显示－5.000℃左右。

（三）保持功能的操作

当温度和温差的变化太快无法读数时，为方便记录数据，可使用"保持"功能。按面板"测量-保持"按钮，使仪器处于保持状态（"保持"指示灯亮），仪器显示按键时刻的温度值，记录数据后，再按下"测量-保持"按钮，使仪器恢复到测量状态（"测量"指示灯亮），跟踪测量。

（四）注意事项

1. 本仪器仅适用于 220V 电源。

2. 作温差测量时，"基温选择"在一次测量中不允许换挡。

3. 当跳跃显示"00000"时，表明仪器测量已超量程，检查被测物的温度或传感器是否接好。仪器数字不变，可检查仪器是否处于"保持"状态。

八、WZZ-2B 型自动旋光仪

旋光仪是测定物质旋光度的仪器，通过对样品旋光度的测定，可以分析确定物质的浓度、含量及纯度等。WZZ-2 型自动旋光仪采用光电自动平衡原理，进行旋光测量，测量结果由数字显示，它既保持了 WZZ-1 型自动指示旋光仪稳定可靠的优点，又弥补了它的读数不方便的缺点，具有体积小、灵敏度高，没有误差，读数方便等特点。对目视旋光仪难以分析的低旋光度样品也能适应。WZZ-2B 型自动旋光仪如附图 8 所示，其使用方法如下：

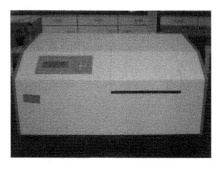

附图 8　WZZ-2B 型自动旋光仪

1. 将仪器电源插头插入 220V 交流电源，并将接地线可靠接地。

2. 向上打开电源开关（右侧面），这时钠光灯在交流工作状态下启辉，经 5 min 钠光灯激活后，钠光灯才发光稳定。

3. 向上打开光源开关（右侧面），仪器预热 20 min（若光源开并扳上后钠光灯熄灭，则再将光源开关上下重复扳动 1～2 次，使钠光灯在直流下点亮，为正常）。

4. 按"测量"键，这时液晶屏应有数字显示。注意：开机后"测量"键只需按一次，如果误按该键，则仪器停止测量，液晶屏无显示。用户可再次按"测量"键，液晶屏重新显示，此时需重新校零（若液晶屏已有数字显示，则不需按测量键）。

5. 将装有蒸馏水或其他空白溶剂的旋光管放入样品室，盖上箱盖，待示数稳定后，按"清零"键。旋光管中若有气泡，应先让气泡浮在凸颈处；通光面两端的雾状水滴，应用软布揩干，旋光管螺帽不宜旋得过紧，以免产生应力，影响读数。旋光管安放时应注意标记位置和方向。

6. 取出旋光管。将待测样品注入旋光管，按相同的位置和方向放入样品室内，盖好箱盖，仪器将显示出该样品的旋光度，此时指示灯"1"点亮。注意：旋光管内腔应用少量被测试样冲洗 3～5 次。

7. 按"复测"键一次，指示灯"2"点亮，表示仪器显示的是第一次复测结果，再次按"复测"键，指示灯"3"点亮，表示仪器显示第二次复测结果。按"123"键，可切换显示各次测量的旋光度值。按"平均"键，显示平均值，指示灯"AV"点亮。

8. 如样品超过测量范围，仪器在 $\pm45°$ 处来回振荡。此时，应取出旋光管，仪器即自动转回零位。可将试样稀释一倍再测。

9. 仪器使用完毕后，应依次关闭光源、电源开关。

10. 钠灯在直流供电系统出现故障不能使用时，仪器也可以在钠灯交流供电（光源开关不向上开启）的情况下测试，但仪器的性能可能略有降低。

11. 当放入小角度样品（小于 $\pm5°$）时，示数可能变化，这时只要按"复测"键钮，就会出现新数字。

参 考 文 献

高明慧. 化学与人类文明实验指导书. 杭州：浙江大学出版社，2009.

高明慧. 无机化学实验. 合肥：中国科学技术大学出版社，2011.

国家环境保护总局《水和废水监测分析方法》编委会. 水和废水监测分析方法. 4 版. 北京：中国环境科学出版社，2002.

李浙齐. 精细化工实验. 北京：化学工业出版社，2009.

袁书玉. 现代化学实验基础. 北京：清华大学出版社，2006.

张勇. 现代化学基础实验. 2 版. 北京：科学出版社，2005.

中国环境监测总站《环境水质监测质量保证手册》编写组. 环境水质监测质量保证手册. 2 版. 北京：化学工业出版社，1994.

周志华. 化学与生活·社会·环境. 南京：江苏教育出版社，2007.